川西地区传统村落
空间形态图谱研究

郑志明 著

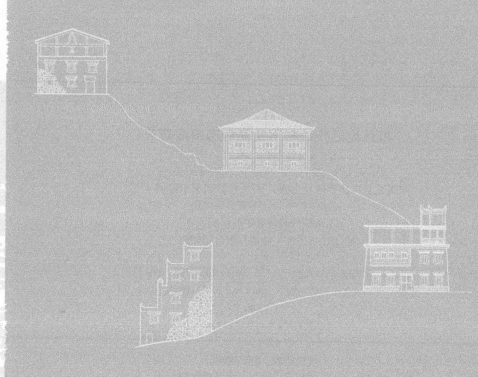

中国建筑工业出版社

图书在版编目（CIP）数据

川西地区传统村落空间形态图谱研究／郑志明著
. —北京：中国建筑工业出版社，2023.11
ISBN 978-7-112-29347-6

Ⅰ.①川… Ⅱ.①郑… Ⅲ.①村落—空间结构—研究
—四川 Ⅳ.①TU982.297.1

中国国家版本馆CIP数据核字（2023）第221587号

责任编辑：曹丹丹
版式设计：锋尚设计
责任校对：张　颖
校对整理：董　楠

川西地区传统村落空间形态图谱研究

郑志明　著

*

中国建筑工业出版社出版、发行（北京海淀三里河路9号）
各地新华书店、建筑书店经销
北京锋尚制版有限公司制版
建工社（河北）印刷有限公司印刷

*

开本：787毫米×960毫米　1/16　印张：16　字数：233千字
2024年2月第一版　　2024年2月第一次印刷
定价：**78.00**元
ISBN 978-7-112-29347-6
（42015）

前言

本书由西南民族大学中央高校基本科研业务费专项（ZYN2022024）资金资助出版。

川西地区高海拔和多山地的自然约束，藏、羌、汉、回等多民族聚集的人文影响，共同形成了形态各异的传统村落人居环境。同时，藏彝走廊、茶马古道等线性廊道加速了地区的流动，促进了各民族的交流与融合，进一步影响了传统村落空间形态形成及发展。当前在快速城镇化进程中，传统村落面临冲击和破坏，建立以特征识别为核心的空间形态调查和认知，是该地区传统村落保护与发展的首要任务，是维护地域特色文化的文化自觉，也是发现和建构西南地区人居环境基因库的重要组成。

本书以川西地区为研究范围，选取前四批共67个国家级传统村落为研究对象，借助村落档案、卫星图、地形图、规划图和相关史料文献等资料，结合现场调研与测绘，建立川西地区传统村落基础数据库。研究分析川西地区自然环境、人文环境特征，以及数量、规模、年代、民族、空间分布和时空演变等川西地区传统村落基础特征，结合建制沿革、民族迁移等确定川西地区的文化分区划定。以此为基础，重点形成"分区—分维—分类—比较"的传统村落空间形态图谱分析方法，详细建构村落选址与格局、形态与结构、空间构成及组织、建筑布局及形态的"四维"传统村落空间形态图谱，通过分区比较、类型比较，阐述其相似性、异质性和联系性"三性"特征，并从谱系表、谱系图和总体特征三个方面进行谱系总结。本书主要包括三部分工作：

首先，建立研究基础和研究理论框架。明确研究背景、研究意义，确定研究的范围和对象。以相关研究进展综述为主，总结理论及方法的缺失。归纳总结空间形态相关研究，传统村落空间形态主要呈现"四维"构成；同时，传统村落受多元文化影响，形成"三性"特征。本书结合图谱理论及方法，从内容、技术框架和要素层级三个方面建构传统村落空间形态图谱研究的理论框架。

其次，建立多要素综合的川西文化分区。由于川西地区的复杂性，借助文化圈概念，通过解析地区环境特征及传统村落基础特征，结合建制沿革和民族迁移等要素，建立综合的文化分区。

最后，以川西地区综合文化区为基础，通过分类、比较、总结，建立川西地区四个维度的传统村落空间形态图谱。①对各维度空间形态进行分类，明确各类型的标准、基础特性和模式图；②以文化分区为基础，对四个文化区的各维度空间形态进行分区比较，明确各文化区的主要类型、整体特征、形成机制，对典型性类型进行特征描述和形成原因解析；③类型比较，对各维度、各类型进行比较分析，总结各类型的数量、分布、特征及形成原因；④将各类型村落进行统计形成各维度空间形态谱系表，将村落的类型信息与村落空间信息叠置，借助GIS形成可视化表达，形成各维度空间形态谱系图，总结空间分布特征，形成川西地区传统村落四个维度的空间形态图谱。

本研究拓展了传统村落研究地域范畴，并结合文化区划理论，提出对复杂地形、多民族文化地域的分区认知方法，即以相似文化属性和特征的地域分区为研究单元。针对村落空间形态的多样性和复杂性，以分类为基础，结合文化分区，建立分区比较、分类比较的研究体系。借助图谱理论，形成图表为主的谱系表达方法。研究探寻区域传统村落空间形态认知方法体系，对地区传统村落保护与发展有实践指导意义，也丰富了我国乡村空间形态研究理论和方法。

目录

第1章 绪论

1.1 研究背景及意义

1.1.1 研究背景

1．国家对乡村历史文化资源提出了更高保护要求

农耕文明孕育了丰富多彩的历史文化，形成了大量的历史文化资源遗存。随着经济的快速发展，人民对生活质量要求提高，国家开始重视历史文化资源的保护与发展。2003年开始，国家相继公布多批次、数百个中国历史文化名村、中国历史文化名镇；2012年开始，国家先后公布了6批8155个中国传统村落。2013年，中央城镇化工作会议提出，让城市融入大自然，让居民"看得见山、望得见水、记得住乡愁"；2017年，党的十九大报告提出实施乡村振兴战略，弘扬农耕文明和优良传统，对乡村历史文化资源保护提出了更高保护要求。

2．传统村落面临快速城镇化进程冲击亟待保护

传统村落是人类居住与生存空间，孕育了丰富的历史文化，是农耕文明的典型代表，但目前传统村落受城镇化进程破坏较大。近年来受此影响，大量村落消失，其中包含大量传统村落，传统文化加速消亡。传统村落建设破坏严重，受城市化影响，传统村落建设大量增加，如旅游开发、村民自建房等，特色建筑损毁严重，对乡村形态、乡村景观风貌、乡村建筑风貌带来巨大冲击，乡村社会结构被重组，传统生活方式和传统文化正逐渐褪色并消失，传统村落亟待保护。

3．全球化语境下需重新审视地域文化及民族文化价值

全球化使得全世界相互依存成为共同体，既是经济一体化的过程，更是文化趋同的过程。同时西方国家凭借其经济优势向全球输出其文化价值认同，形成了文化入侵现象，各地区各民族文化逐渐被消除被取代，使得人们生活方式趋同、审美趋同、城镇风貌趋同。在此背景下国家提出民族自信、文化自信，进一步要求本土文化意识觉醒，需重新审视地域文化民族文化价值，尊重地方历史和传统，挖掘地方特色，延续民族文化，增强各民族的文化自觉和文化自信，保护全球文化多样性。

1.1.2　研究意义

1. 川西地区地形独特，民族文化厚重，孕育出独特的人居聚落，是国家重要的人居环境基因库，研究具有现实意义

川西地区位于一个非常独特的南北山系地理单元，即人们通常所称的"横断山脉地区"，6条大江自北向南从这里穿过，造就了峡谷、高山、平坝、高原、山地等地形地貌，形成了复杂多样的自然环境。20世纪80年代费孝通曾提出该地区是"藏彝大走廊"，自古以来是民族南北迁移、民族分化与交融、民族演变的大通道。除民族迁移外，川西地区还形成了多条文化线路，是人们贸易、交流、交往的通道，是传统村落产生的基础。多变的自然环境与多样的民族文化结合，形成了变化万千的人居聚落，凝聚成独特的人居智慧。因此，加强该区域传统村落研究，对保护地区特色民族文化，保护国家重要的人居环境基因库，有着重要的现实意义。

2. 川西地区传统村落数量众多、类型丰富，亟待厘清保护内容和保护重点，研究具有实践指导意义

川西地区前四批国家级传统村落数量众多，共67个，占四川全省的29.78%，受地形地貌、民族、历史文化等影响，形成了多种风貌、多种职能、多种形态的传统村落分布类型。传统村落是人类居住和活动的空间载体，传统村落保护的重点应是传统村落空间。因此，保护川西民族文化和地域文化，发掘地区传统村落空间形态特征，传承独特精湛的人居环境营造技艺，探寻川西地区传统村落保护发展方法，有着重要的实践指导意义。

3. 传统村落空间形态研究的探索，具有重要的理论意义

传统村落由于其产生和发展都离不开区域环境，特别是文化环境、气候环境、农耕环境，传统村落空间形态研究应加强区域传统村落内在联系、内在关联研究。因此，基于区域视角的传统村落空间形态研究，更能寻找空间形态的基本原型、空间形态的形成机制、空间形态的核心影响因素，便于厘清各村落空间形态之间的相关关系、谱系关系，为传统村落空间形态保护提供方法支撑。

图谱，具有空间性、图像性、定量性和系统性等特性。对其进行研究，更容易解析传统村落空间的复杂系统，明晰传统村落空间形态本身的基本范式和因果逻辑，也能记载和传递传统村落空间信息。本书期望借助图谱理论，利用图谱的模式模拟和系统表达方法，通过归纳、对比，凝练川西地区的传统村落空间形态特征，总结空间形态相互关联的谱系，并分析影响因素和形成机制，探寻区域传统村落空间形态从认知到保护的方法，丰富我国城乡规划学科中乡村空间形态研究理论和方法。

1.2 主要概念界定

1.2.1 川西地区

按照地理地势来分，川西指四川省西部的川西高原，包括阿坝州、甘孜州。但由于阿坝、甘孜长期是独立行政，所以历史上川西主要指四川盆地西部边缘的地区，不涵盖川西高原地域。随着西康省1955年并入四川省，甘孜、凉山、阿坝等地区纳入四川省域，形成目前熟知的川西地区，即四川省的西部地区。川西地区主要包括三州地区——阿坝州、甘孜州、凉山州，是藏、羌、彝等多民族聚居区域。

1.2.2 传统村落

传统村落也被称为古村落，2012年国家正式统一名称为传统村落。传统村落是古村落的延续，村落建成早，传统风貌建筑较多，有较多的文化和自然遗存，具有较高的保护价值。此外，还具有以下几方面的典型特征：

1. 传统村落是活态的人居环境

传统村落不同于文保单位或文物建筑。文物保护是对其历史状态的完整保护，是一种"死"的状态；传统村落是人们生产生活的空间，是历史的延续，是一种"活"的生活状态。村民在历史建筑、历史空间里面生活，将历史与现代生活结合，延续历史记忆、传承历史文化和技艺。

2. 传统村落具有内聚力

传统村落是一种聚落，即人们为某一目的共同选择的地方，村民主要从事农业生产。聚落的核心是聚的目的，以及维持聚集状态的约束力，此约束力能保证村落内部的和睦相处，与自然环境的和谐共生。这种约束力是宗族家法、乡规民约，也可能是代代相传的法则，约束着活动与空间。约束力比较明显地体现在村落空间选址、空间构成及空间组织、建筑建造等方面。

3. 传统村落对传统的保持和传承

传统村落的核心载体是对传统和历史延续的空间，有传统民居、传统景观环境、传统农耕生产空间、传统产业空间、传统宗教场所等，通常表现为历史风貌。此外，传统村落中保有着人们从自然中获取物质和能量的经验、相互协作抵御灾害和侵扰的经验、房屋营建的经验、交往与生活的经验、文化习俗与精神信仰追求的经验等。

1.2.3 空间形态

1. 空间

空间是一种客观存在的物质形式，通常与时间对应，是实的。从建筑学来看，空间多指被人们广泛使用、用于人们日常居住功能的建筑空间，以及建筑围合而成的虚体空间。

2. 形态

"形态"（Morphology）一词来源于希腊语，可以理解为形的逻辑构成。歌德于1800年提出形态学，研究形态与内在结构，后被借鉴运用于建筑学和城市相关研究。《辞海》解释为"事物的形式与状态"，《汉语大词典》解释为"事物的组织结构和表现形式"。综上所述，形态可以理解为外在的形状和形式，也包括内在的组织结构、组织方式、组织逻辑，同时包括形式的演变和演化过程。

3. 空间形态

空间形态，既指空间形状，又包括空间要素的组织状态。传统村落空间形态主要包括物质层面的空间的构成和形状，如街巷空间、公共空间、建筑空间、文化空间等，以及该类空间承载的活动，更重要的是该类空间组织和空间产生的原因和逻辑。此外，空间是在特定背景下产生，并随着时间而发展，在具有物质性的同时，已经产生了精神性，体现了当地的社会、文化、民族等要素。空间形态具有某种意义，因此，空间形态特征认知需结合其产生的人文环境。

1.2.4 图谱

用图示化符号表达研究对象的性质与变化规律，通常被称为各种"谱"或"图谱"（Diagram），如基因图谱、光谱等。陈述彭院士1961年提出地学信息图谱（Geo-info-spectrum）："图"是空间概念的表达，描述现象现状及外部表现；"谱"描述现象的排列关系、演化过程，主要反映内在规律和相互关系，是体系的表达。图谱兼有两种特性，是用图形和谱系分析并展示内在规律的方法。因此，本书中的图谱既指图示表达的谱系，也是一种分析方法。

1.3 研究范围及对象

1.3.1 研究范围

《四川省城镇体系规划（2014—2030）》提出，川西生态经济区将构建全国的生态屏障，保护保育地区生态环境，只包含甘孜州和阿坝州两州。为与全省各规划口径保持一致，利于与各规划和政策协调，本书研究的川西地区指阿坝州、甘孜州全域。该区域面积236871km²，人口202.15万（2016年年末户籍人口），其中阿坝州幅员84242km²，下辖13个县市，甘孜州幅员152629km²，下辖18个县市。

1.3.2 研究对象

本书研究的传统村落指国家公布的前四批中国传统村落名录中的村落,该类村落主要指年代较早,传统文化资源较多,历史遗产丰富,特色鲜明,具有较高保护价值的村落。具体研究对象为四川省阿坝州、甘孜州全域内的中国传统村落,共计67个,其中阿坝州36个、甘孜州31个(图1.1)。

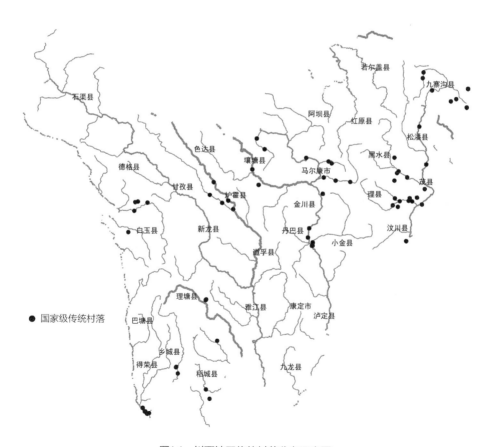

图1.1 川西地区传统村落分布示意图

1.4 相关研究综述

由于只是古村落名称变更为传统村落，传统村落仍是原有古村落的延续，传统村落研究是对原有聚落研究、古村落研究的继续和加强。近年来可搜索到的文章为2000余篇，1992～2011年发文数量较少，多以聚落、古村落为题，其中2006年前年均发文不超过50篇，2012年后年均发文超过100篇，数量迅猛增加且多以传统村落为题。

1.4.1 传统村落空间形态研究

截至2019年年底，篇名中同时含"传统村落""空间形态"的，共125篇文献。从发表的年度来看，2014年以后篇数明显增多，年均超过15篇，其中2019年最多，共28篇。从文献类型来看，硕博论文53篇，2015年以后每年超过7篇，主要集中在建筑学和城乡规划学，研究的方向主要有如下几个方面：

1. 区域性传统村落空间形态研究

借助类型学和谱系理论，以特定地域和区域为研究范围，重点解析该区域传统村落形态特征及形成背景和原因，成果以博士论文为主。相关博士论文17篇，主要研究山西、广西、广州、湖南、海南等地区，最早的博士论文是湖南大学何峰（2012）以湘南为例，华南理工大学相关博士论文最多（共10篇），其中肖大威教授指导的相关硕博论文最多。

从研究内容来看，以建筑、村落空间、村落整体形态为主。以建筑为主的研究多注重建筑特色及建筑保护，以村落空间为主的研究多分析公共空间、信仰空间、街巷空间，以村落整体形态为主的研究多分析村落空间形态特征和空间演变特征。

从研究方法来看，主要有四种：①对特定区域内传统村落空间形态的特征总结为主，寻找规律及典型特征。②以地区人文环境研究为基础，总结地区传统村落演变的过程及不同时期的特征。③以地区的分区研究为基础，重点研究各区的传统村落形态特征。④以地区传统村落形态进行分类特征归纳，并推导形成传统村落特色分区。

2．类型化传统村落空间形态研究

部分学者针对传统村落空间构成，进行区域传统村落类型化空间研究，研究成果以硕士论文为主。吴子瀚等（2013）、蒋静静（2016）、刘晓芳（2016）、徐艺蕾（2017）分别对传统村落公共空间、街巷空间、滨水空间、广场空间进行系统类型化研究，何慧婷（2019）对传统村落排水空间进行特殊空间类型研究。

3．特定线路和地区传统村落空间形态研究

传统村落多伴随商贸、移民、军事等要素，形成了特定地区和特定线路的传统村落聚居区。特定线路串联的传统村落研究，不仅关注村落基础空间特性，更重点研究线路带来流动性和联系性，以及对村落空间形态的直接影响，如林祖锐等（2019）以井陉古道为例，研究古道的形成及演进，以及对村落空间形态的作用与影响，夏兰兰等（2015）以京郊商道南窖村为例，研究古商道对村落的空间影响。特定地区传统村落研究，关于少数民族地区的研究成果较多，特定类型村落聚居区，如周政旭等（2018）对黔中屯堡聚落进行民居类型、水系环境等研究。

4．个案传统村落空间形态研究

传统村落个案研究，研究内容重点关注空间形态及建筑特征，空间形态保护策略、空间改造与利用方法等，研究成果较多。空间形态特征研究比较有代表性的，如徐坚等（2015）以云南同乐村为例，分析高原山地环境下村落格局、形态、建筑形式等方面的地域性特征。传统村落空间更新与利用的案例研究较多，顾大治等（2018）以安徽省绩溪县湖村为例，以空间及遗产特色分析为基础，提出"人—村—遗"一体化的村落发展对策。

5．多元方法的传统村落空间形态研究

许文聪等（2016）、刘一曼等（2017）、陈驰等（2018）、陈铭等（2018）借助新技术和软件对传统村落空间形态进行解析。陶伟等（2013）利用空间句法，对广州小洲村进行村落空间形态分析，并对使用者的空间认知进行意向研究。

1.4.2 川西地区传统村落研究

川西地区研究受地域限制，主要集中在西南交通大学、重庆大学、西安建筑科技大学等西部高校，早期成果以重要建筑调查、测绘和记录为主，其中比较有代表性的是叶启燊《四川藏族住宅》（1989）、季富政《中国羌族建筑》（2000）。随着聚落研究增多，成果逐渐增加，但总的来说数量较少，主要有以下三个方面：

（1）结合行政区划及风貌特色的民居类型研究。成果以李军环、毛刚、陈颖为代表，如毛刚《生态视野·西南高海拔山区聚落与建筑》（2003）、陈颖等《四川民居》（2014），此外还指导硕士论文20余篇，分类型对藏族聚落民居进行深入研究，如崩空民居、克莎民居、石构民居、嘉绒藏族民居等，涵盖马尔康、丹巴、道孚、康定等地区。

（2）单一村落的研究。朱荣张（2012）、李泉柏（2016）、高威迪（2016）等重点分析单一传统村落形成背景、空间形态、建筑特征、存在问题等内容。

（3）特定地区的村落整体研究。伏小兰（2014）、赵龙（2014）、李翔宇（2015）、高瑞（2015）、李潇楠（2016）、甘雨亮（2018）等以流域、文化区域、文化线路周边区域等特定地区村落为对象，进行区域性、整体性研究，重点研究村落选址、空间形态、建筑特色、成因等内容。

1.4.3 已有研究评价

（1）传统村落空间分布特征研究较多，传统村落整体性特征研究较少。

现状研究集中于全国层面或山西、广东等省域，研究多利用地理学手段，分析区域传统村落的空间分布特征及成因。但传统村落整体性及系统性研究较少，特别是特定区域内传统村落整体特征研究较少，内在机制、相关影响因素分析不足，缺少整体性和系统性研究的方法。

（2）个案传统村落空间形态研究较多，区域性村落空间形态研究不足、研究方法有待创新。

传统村落空间形态研究多偏重实践应用型研究，如空间形态保护、空间自组织更新、旅游开发等，主要是个案研究或单个村落的类型研究。而具有相似文化特征和内在联系的区域性传统村落的空间形态特征研究缺乏，无法系统解构传统村落空间形态基本类型。目前未建立空间形态研究的内容和方法体系，研究方法多以文化分区视角下的村落特征总结为主，缺少对空间形态的内在关联性分析，缺少对区域性村落空间形态的整体性、联系性、谱系性分析。

（3）川西地区传统村落研究较少，空间形态相关研究处于探索阶段。

目前的川西地区传统村落空间形态研究，主要有特定地域、特定线路、单一民族民居、个案村落等方面的研究。而区域尺度整体视角下的系统分析缺失，川西地区传统村落特征及类型分析不足，传统村落之间的相似性、差异性和联系性分析不够，未能建立空间形态与地域特征的关联性分析。总体来说，川西地区传统村落研究少，特别是空间形态研究处于探索阶段。

1.5 研究方法与内容

1.5.1 研究方法

1. 定量与定性相结合的分析法

借鉴国内外聚落空间分析方法，研究传统村落空间形态、空间结构等，主要采用定量与定性适度结合的分析方法。传统村落整体空间形态研究中，利用形状指数（S）、长宽比（λ），实现对形态类型定量分析，进一步确定形态特征，并通过统计量化分析寻找空间形态的分类规律及存在的关联性。研究空间形态、空间构成、空间结构类型分类，以及空间形态形成相关影响因素分析时，采用定性分析的方法，借助经验性分析和判断。

2. 比较归纳的逻辑思维方法

川西地区传统村落空间形态信息谱系构建，需要对大量样本数据进行分析总结，归纳总结出类型化特征，并通过共性和个性比较，找出类型之间的彼此联系，建立分类的逻辑，这些都需要运用归纳的逻辑思维方法。

3. 学科交叉融合法

传统村落空间规模虽小，但涵盖建筑、空间、社会、文化、历史、产业等内容，涉及学科知识广泛。此外，研究地区地处川西民族地区，又涉及地域资源、民族文化、地域文化等内容。因此，本书需借助学科交叉融合的研究方法，以城乡规划和建筑学为基础，融合民族学、社会学、人文和自然地理学等相关知识和方法，拓宽研究视野，丰富研究方法。

1.5.2 研究内容

本书分为7个章节（图1.2），主要内容如下：

第1章为绪论，分析当前传统村落面临的困境及研究背景，明确研究意义，确定本次研究的范围和对象，重点从国内外聚落研究、传统村落研究、传统村落空间形态研究、川西地区传统村落研究等方面综述和评价相关研究的进展，以此为基础形成本书的内容框架。

第2章构建传统村落空间形态图谱研究的理论体系，分为4部分：①梳理相关理论，包含文化地理学、文化区划理论、谱系理论；②总结传统村落空间形态研究结果，分析自然、人对传统村落空间形态的影响，明确传统村落空间形态的"四维"构成；③传统村落受多元文化影响，形成"三性"特征；④结合图谱理论，从内容、技术框架和要素层级3个方面建构传统村落空间形态图谱理论框架。

第3章解析川西地区区域特征及传统村落特征。该部分是本书研究的基础工作，分为3部分：①以川西地区为对象，从自然、人文、历史等方面充分认知川西地区环境特征；②以川西地区传统村落为对象，认知川西地区传统村落特征，如数量特征、规模特征、年代特征、民族特征等，并重点分析该地区传统村落的空间分布特征，建立川西地区传统村落数据库；③研究川西地区行政及民族等分区的发展历程，建构基于民族文化的川西地区传统村落分区。

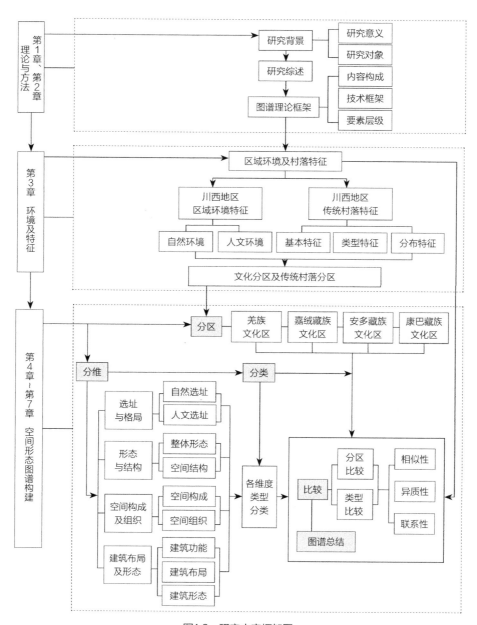

图1.2 研究内容框架图

　　第4章至第7章以传统村落空间形态图谱的"分区—分维—分类—比较"分析方法为支撑，构建川西地区传统村落空间形态"四维"图谱，是本书研究的核心工作。①川西地区传统村落选址与格局图谱研究。分析该区域村落选址类型，并重点分析其受地形地貌、气候环境等自然因素影响，以及受政治行政、军事防御、精神信仰、农耕生产等人文因素影响，并对4个文化区的选址特征进行分区比较研究，对各类选址进行类型比较研究，从谱系表、谱系图和总体特征三方面进行谱系总结。②川西地区传统村落形态与结构图谱研究。传统村落形态研究在定性分析的基础上增加科学定量分析方法，对空间形态进行测度，重点对传统村落空间形态外部轮廓进行测度，常用方法有空间形状指数（S）、长度比（λ），总结传统村落空间形态的类型。通过川西地区传统村落的中心、边界、轴线等要素分析，总结传统村落的空间结构类型。对4个文化区的空间形态、空间结构特征进行分区比较研究，对各类空间形态、空间结构进行类型比较研究，从谱系表、谱系图和总体特征三方面进行谱系总结。③川西地区传统村落空间构成及组织图谱研究。重点分析传统村落的公共空间、街巷空间两类空间，研究其空间构成、空间尺度、空间特点等，并重点研究两类空间的组织方式分类及其成因，对4个文化区的两类空间的组织特征进行分区比较研究，各类空间组织进行类型比较研究，从谱系表、谱系图和总体特征三方面进行谱系总结。④川西地区传统村落建筑布局及形态图谱研究。重点研究川西地区传统村落建筑功能、建筑布局、建筑形态的类型及特点，对4个文化区的建筑功能、建筑布局、建筑形态特征进行分区比较研究，对各类建筑功能、建筑布局、建筑形态进行类型比较研究，从谱系表、谱系图和总体特征三方面进行谱系总结。

第2章 传统村落空间形态图谱研究的理论体系构建

2.1 相关理论

2.1.1 文化地理学

文化地理学是重点分析文化的空间构成、生成原因和演变规律的学科，多从空间和时间维度研究文化的特征，研究文化的形成与扩散现象。狭义的文化地理学分析文化的空间性，即文化圈或文化区的形成及特征。而文化的形成和扩散是动态变化的，故广义的文化地理学将文化与时空结合，研究文化区形成、文化区扩散，以及文化区变化的过程与自然环境及社会机制的相关作用。

文化地理学是人文地理学的分支和组成，逐渐形成了5个核心主题，文化形成的源头、文化形成的生态、文化形成区、文化传播扩散和文化景观。随着村落研究的深入，村落的形成发展离不开区域，特别是区域文化环境的作用与影响，因此文化地理学与传统建筑学相结合的研究逐渐增多。通过对文化源和文化中心的认知，厘清文化区及文化扩散传播路径，解析村落形成的区域文化环境，并进一步分析文化在村落的作用下形成的物质文化景观，以及宗教、宗族等非物质文化景观。

2.1.2 文化区划理论

文化区也称文化圈，20世纪初最早由美国学者梅森（O. T. Mason）提出。它是特定的地域环境，是各民族在历史中形成的，不一定与自然区域和行政边界重合，是一个虚拟的边界。

文化区划是根据历史、民族及文化相关性等要素，对区域空间进行划定，并以此为基础，对不同文化区内的要素进行特征总结和相关比较的方法。常用的分类方法有依据历史民系、方言和族语、资源要素特征划分等。此外根据特征和内容，可分为形式文化区和功能分区；根据要素的多少，可分为综合文化区和单项文化区。

2.1.3 谱系理论

谱系学（Genealogy）是定位与分类的方法，从较早对欧洲贵族家谱分析开始。有研究物种起源和发展，描述生物进化和演化过程的遗传生物进化谱系；研究语言关系和语言规律的语言学谱系，即将来源相近、语族相同的语言归类，划定成区域；研究家族、宗族关系、代际传承的家谱，即将一个家族或一个宗族按照先后顺序进行排列，反映血缘及亲缘关系，研究地理时空特征的地学信息图谱。

2.2 传统村落空间形态"四维"构成

2.2.1 传统村落空间形态研究层次及内容

空间形态包括2个方面：①空间要素及外部表现，是客观存在的；②空间要素相互关系及空间包含的意义。目前关于重点研究层次主要有3类：①量化研究村落形态，如浦欣成，重点研究村落的边界、形态、结构、建筑组合；②研究村落形态为主，如张东、杜佳、孙莹，重点研究村落的选址、形态、空间结构等；③研究村落及建筑，建筑形态较多，如朱雪梅、温泉，重点研究村落的空间结构、建筑类型及建筑技术等。

2.2.2 传统村落空间形态构成基础认知

村落构成要素丰富，包括建筑、街巷、农田、山体、水体等，形成了形式多样、数量众多的村落空间类型，如自然环境选址格局、街巷及公共活动空间、建筑空间。因此，村落是人与自然相互作用形成的，村落空间形态体现了村落与自然、村落与人的相互作用关系（表2.1）。

传统村落空间形态与自然和人的相互作用影响　　　　　　表2.1

关系	相互作用	空间影响	影响方式
村落空间与自然	自然影响建设、生产	村落选址	直接影响
	自然约束建设用地	空间形态	直接影响
村落空间与人	人的公共活动	公共空间	直接影响
	人的出行	街巷空间	直接影响
	人的居住	建筑空间	直接影响
	人的审美及文化习俗	各类空间	间接影响

1. 村落空间形态与自然

村落是人与自然抗争和选择的结果，人类选择最有利、最适宜的自然环境作为聚居地。人们会结合生产、生活、安全、人口发展需要、精神信仰等要素进行综合选择，对自然危害、气候环境、粮食安全、防御安全等进行综合评价，趋利避害进行选择，体现对自然的敬畏。同时，自然的条件约束直接影响了村落形态，村落建设必须顺应山势和水势。

2. 村落空间形态与人

村落空间的形成与人们日常生活息息相关，并受传统文化、地域文化以及独特的宗教文化、民族文化等作用，其空间组织方式、组织结构千差万别。人的公共活动需求直接决定公共空间的类型和数量，街巷空间结合地形满足人的出行需要，为满足居住需要创造了各种的建筑空间。而人们的审美及文化习俗，对各类空间产生间接影响。

2.2.3 传统村落空间形态"四维"构成

形态指形式和状态，空间形态研究既包括形式研究，也包括形成的原因及机制，主要有空间形状、空间结构、空间构成和空间组织等内容。综合传统村落空间研究层次和内容的相关研究来看，传统村落空间形态主要有村落选址、村落形态、村落空间、村落建筑4个层面。此外村落空间形态，受自然和人文因素的双重作用，对空间形式、结构和组织会产生重要影响。基于此，传统村落空间形态研究应主要集中于村落选址与格局、村落形态与结构、村落空间构成与组织、村落建筑布局与形态4个维度（图2.1）。

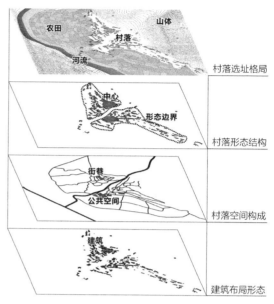

图2.1　传统村落空间形态"四维"构成

1. 村落选址与格局维度

村落选址格局是与自然环境适应的结果，重点分析自然环境对村落选址的影响，如亲水和近山性，以及人文思想对村落选址与空间营造的影响，形成的类型。

2. 村落形态与结构维度

村落形态与结构，体现村落与自然适应后形成的空间整体形态及形状，以及体现村落空间整体组织方式的村落空间整体结构。

3. 村落空间构成及组织维度

村落空间构成，是与居民日常生活有重要关联的公共空间和街巷空间，重点研究其空间构成要素、组织方式及组织特征。

4. 村落建筑布局及形态维度

村落建筑布局与形态，是村落最微观的部分，建筑体现了当地居民生活与地域环境和民族习俗的融合，是地域文化的直接体现，重点研究建筑功能、建筑布局和建筑形态。

2.3 传统村落空间形态的多元文化影响与特性

2.3.1 传统村落空间形态的多元文化影响

1．传统村落的多元文化影响类型

村落是人们适应自然环境和人工改造自然的结果，因此也就具有自然、人文等多重特征和属性。同时，村落不是独立存在的，会与区域内城镇和其他村落进行空间作用，形成流动和交换。综合来看，村落与村落相互联系形成群落，村落及群落的形成与发展更是离不开区域，而区域是自然环境、历史人文和政治经济三重地理空间格局相叠加而形成（图2.2）。

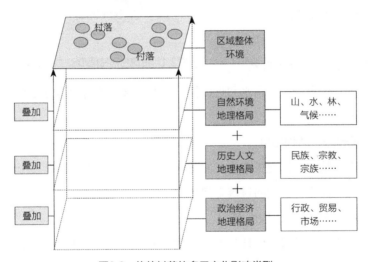

图2.2 传统村落的多元文化影响类型

（1）自然环境地理格局与村落

地形地貌、气候条件等是区域的物质基础，农田、林地、河流等是生活基础。这些自然环境条件是村落形成的基础条件，提供生产和生活基础，同时自然环境对村落产生影响和限制，提出约束性要求。

（2）历史人文地理格局与村落

村落所在的区域是静态空间，但却是文化历史性共同作用的结果。在此过程中朝代更替、人口迁移、民族融合等动态发生，影响村落空间的形成和发展，在村落中呈现空间迭代现象，以及各时期、不同类别空间共存的局面。

（3）政治经济地理格局与村落

农耕社会政治权力和行政权力是重要的纽带，随着行政中心和行政区划的演变调整，村落产生聚集和分散，影响空间分布及格局。此外，伴随政治格局形成的经济格局，如经济中心、经济贸易线路等又作用于村落。

2．多元文化对传统村落空间形态的作用

美国建筑与人类学专家阿摩斯·拉普卜特（Amos Rapoport）曾提出"形态环境的核心是空间组织"，可见文化是村落营造和组织的核心和关键，文化及形成的文化环境，包括宗族血缘、家庭结构、民族构成、宗教信仰、价值认同、组织与制度等。文化环境即自然环境、历史人文环境、政治经济环境，主要从宏观、中观和微观三个层面直接作用于村落，影响和改变村落的空间形态（图2.3）。

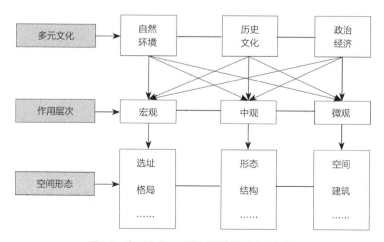

图2.3　多元文化对传统村落空间形态的作用

（1）多元文化对宏观空间形态的影响

人类本着趋利避害的原则，尊重自然、适应自然、改造利用自然，而这一过程也是文化产生的基础，形成了差异和独特的文化，即"一方水土养一方人"，塑造了各具地域特色的村落空间形态。自然环境文化对村落空间形态多作用于宏观层面，即村落空间选址、村落整体空间格局。藏风得水、背山面水、向阳避水等都是人类祖先生活智慧的累积，此外受战争影响人类在村落营建时会利用自然环境增强防御性，形成安全稳定的空间形态。

（2）多元文化对中观空间形态的影响

村落是人类为了相同目标聚居形成，相互协作自给自足，形成稳定而内敛的状态。村落与自然相对分离，对内形成向心内聚的组织，多元文化对村落空间形态中观层面的影响主要体现在村落形态、村落空间结构等方面。由于技术条件等因素限制，农耕时期村落营造时人类更多是顺应自然，特别是大山大水等自然要素，村落形态多受自然环境限制，呈现带状、不规则形状，部分村落受特定文化影响，形成规则的形状。村落多受宗族礼法影响，形成基于血缘的联系纽带，村落空间格局清晰。此外，部分民族地区的村落，受民族文化和宗教文化影响，形成较独特的村落空间格局。

（3）多元文化对微观空间形态的影响

村落是人的聚集场所，除了人类的私密性居住建筑外，还体现了人类的自发性交往，形成了公共性、半公共性的空间。而这些公共性的空间有固定和非固定性，是多元文化的载体，如祠堂、寺庙、广场等。此外，部分村落受行政、经济等因素影响，又形成了较特殊的空间形式，如官署、街道等。建筑是村落的微观空间，是人们生活的场所，体现了文化的影响，如气候、礼法秩序、民族习俗等。建筑朝向、建筑组织、建筑群体布局等，是对自然环境适应的结果，承载了居民日常生活和邻里交往，体现了人与人的相互联系和村落的组织关系，是村落文化的具体表现。

2.3.2　多元文化作用下文化圈的形成

1. 文化圈的形成与相互作用

村落个体的文化环境是区域文化环境的具体体现，而区域文化环境是多元文化相叠加的结果，它是在一定地理空间内，相同民族的人群基于文化认同和共同价值观，经过较长时间交锋与融合逐渐形成的。因此，这种有较明显的发源地即文化核的区域文化环境，与地理空间结合，形成各种类型的文化圈（图2.4），影响其范围内的各种村落。

文化圈之间相互联系与沟通，形成文化廊道，是人员、信息等流通的通道，更是文化的主要传播路径，既与文化核心保持较高的联系性和一致性，也会形成两种或者多种文化的融合性。同时，文化圈之间会形成空间叠置，相互交错形成文化融合区，在此区域内既保留了各文化圈的特色文化，也存在多种文化与特色共存的现象（图2.5）。

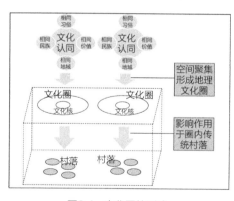

图2.4　文化圈的形成

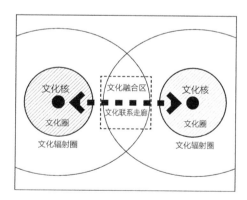

图2.5　文化圈的相互作用

2. 四川文化圈的形成与特征

四川文化圈的形成经历了复杂漫长的嬗变过程，其中川西地区尤为复杂。唐以前以羌族为主体，唐代中后期吐蕃王朝东扩，与羌族和唐王朝在川西地区

反复争夺，形成了相对均衡和融合的
格局。彝族及彝文化圈居四川南部相
对稳定，并与云贵地区少数民族交往联
系。四川北部受甘肃等地的回文化影响
较大，而川西地区也成为回族从北向南
迁徙的重要通道。可见，川西地区一直
以来就是边缘化地区，游离于中央王朝
的管辖，但随着中央王朝的不断扩张，
也开始对川西地区进行不断渗透和融
合，经历了征讨、移民、土司管辖、

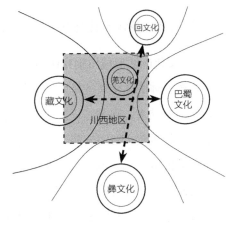

图2.6　四川文化圈分布与联系

改土归流等多个重要的阶段，形成了以巴蜀文化为代表的汉文化渗透进入之势
（图2.6）。因此，川西地区最终形成多个特征明显的文化圈，同时各文化圈又与
其他文化圈之间保持着联系，并在交汇或联系的通道上形成文化的融合。

2.3.3　文化圈影响的传统村落空间形态"三性"特征

川西地区受多种文化圈叠加影响，形成了更细致的亚文化分区，而文化圈之
间以及与区域外具有较强联系性，形成较重要的文化联系廊道，而区域文化圈的
复杂性也同样作用于区域内的传统村落，形成丰富多样的空间形态。因此，文化
圈影响下的传统村落空间形态呈现明显的"三性"特征，即相似性、异质性和联
系性。同一文化区形成相对稳定的基质，影响文化区内的村落，空间形态形成相
似性特征；部分村落受特殊因素影响，空间形态形成异质性特征；同时，各文化
区之间通过交通、商贸等要素加强联系，在联系通道和廊道上的村落空间形态具
有明显联系性特征（图2.7）。

因此，结合区域特征，川西地区传统村落空间形态分析应建立"村落—区
域"的二元认知体系，村落空间认知是分析研究的基础，村落所在区域的地理
环境、民族人口、文化特征影响了村落空间构成与组织，是村落空间形成与发

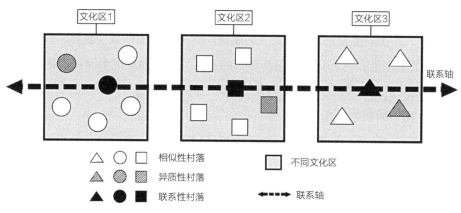

图2.7　传统村落空间形态"三性"特征

展最重要的动力因素，故区域分析是研究的核心。以区域认知为基础，辨析区域文化圈，以文化圈为基础认知传统村落空间形态的相似性和异质性，并结合联系轴线分析解析传统村落空间形态的异质性，从而建立不同维度传统村落空间形态图谱。

2.4　传统村落空间形态图谱的理论体系

区域性传统村落是多元文化作用的结果，具有明显的"三性"特征，需建立区域与次区域相结合的整体性和系统性分析。因此应借鉴图谱理论与方法，在区划的基础，形成分区比较、类型比较研究，建立传统村落空间形态图谱理论体系。

2.4.1　图谱内涵与表达

1.图谱的含义

借鉴生物、化学谱系研究成果，借助信息科技逐渐形成了地学信息图谱理论。图谱理论是系统认知和理解特定地区和同类事物的重要方法，目前广泛运用于生物学、地理学、建筑学等领域。图谱中的"图"主要是指信息的图面表现形式，"谱"是指同类要素或事物建立的系统和体系，也称谱系。因此，图谱既涵盖了图的基本形式与特征，也包括图形的谱系关系，图是关系和特征的直接表达，谱是关系和分类的总结，图谱是这些关系的系统表达。

2．图谱的表达形式

将空间信息利用图谱进行表达在我国有悠久的历史，如疆域、历史地图。而地学图谱更复杂，表达形式更多。图谱的表达形式，分为图的表达和谱的表达两类。图的表达是特征表达、现状表达，可能是图也可能是表，包括特征图、现状图、分布图、模式图等图形样式，也包括统计表、特征表、类型表、要素表等表格样式。谱的表达，更多是对特征归纳总结，进行规律和系统序列表达，谱的表达往往会借助图的形式表达，形成谱系图、类型图、聚类图、谱系表、分类表、聚类表等（图2.8）。

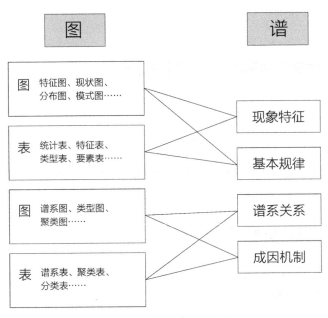

图2.8　图谱表达形式与内容

3．图谱的表达内容

图谱是图形和谱系的结合，兼有两者的特性，通过图形、表格和文字等方式表达事物的基本现象特征及基础特性。通过比较、类比、聚类等方法，能反映事物的序列与规律，更能反映事物整体性、系统性、差异性特征，从而揭示事物背后深层的形成逻辑、相互关联性、成因机制等核心内容。

2.4.2　传统村落空间形态图谱的区划方法

区划及区系划分，由于一定范围内村落具有趋同性和相似性，通过区域划定能快速辨识和区分村落类型，从整体上解析各区域内村落空间形态的相似性特征，并以此为基础进行区域比较研究，揭示异质性和联系性等，形成完整图谱。目前的区划方法有按物质空间分区，即气候区、农业区、地理分区等，也有按文化要素，如行政、民系、方言等分区，主要有如下几种：

1．行政区划的方法

行政区划方法在建筑和民居谱系研究中，使用最早也运用最广泛。多以一个行政区为研究对象，归纳总结各地区建筑风貌、建筑特征，划定类型的方法，如《浙江民居》（1984）、《吉林民居》（1985）、《云南民居》（1986）。行政区划形成有特定的原因，该分类方法较粗，特别是对于多民族聚居区，无法准确反映区域形成的历史成因，因此对部分有历史关联的村落和建筑，无法充分表达其特征和内在联系。

2．民系区划的方法

民系区划，即民族区划，以相同信仰、相同语言和相同习俗为基础的民系分区，包括民族大类分区、次民族分区。在各民族交往和融合的过程中，形成了各民族相对稳定的区域和范围，以此为基础即为民系。如余英（2001）以东南地区汉族五大民系划分为基础，分析其建筑类型及特征。

3．方言语系区划的方法

语言仅次于血缘，是人与人之间重要的联系纽带。方言相近的人群往往会突破地理界线和行政边界,"语缘"比"地缘"更准确。方言趋同的民系以及语族相同或相近的民族,在特定地理空间分布,影响建筑文化区划。浅川滋男在20世纪90年代提出以语族为主的谱系划分方法,在中国得到了发展,如陆元鼎(2005)以南方地区为例,王金平等(2009)以山西地区为例,对该区域建筑进行了区划研究。

4.综合的区划方法

行政区划、民系区划、方言语系区划等方法有各自的优点,也有各自的缺点。目前,已有学者尝试利用综合的区划方法进行建筑谱系研究。潘莹等(2014)结合移民、民系及方言因素,将江西民居划分为7个区系;李世芬等(2019)以语族—方言为基础,加入历史、自然和经济等因素进行综合,对辽东半岛地区民居进行划分研究;此外,罗德胤(2014)以文化重要性为方法,结合民族、地域,将全国分为4个片区,进行传统村落谱系分析。

因此,在单一民族地区,应建立以自然地形地貌为主,借助经济和历史分析,融合方言语系的综合区划方法。而多民族混合聚居区,应采用以民系区划为基础,即尊重各民族传统及习俗,结合其历史形成及演变分析,融合行政区划的综合区划方法。

2.4.3 传统村落空间形态图谱技术框架

1.传统村落空间形态图谱的内容

本书借助图谱理论及其方法,研究传统村落的空间形态图谱,重点研究关于空间形态的如下内容:

(1)空间形态类型和范式

借助类型学的方法,归纳和总结各维度空间形态的基本类型,利用图式表达其范式,利用图表表达其基本特征,这是空间形态图谱研究的基础。

(2)空间形态特征

空间形态特征是图谱的重要内容,借助基本类型和范式,对地区的研究对象进行统计、比较,寻找相似性、差异性、联系性特征,对其中重要的特征和典型特征需重点描述。同时，空间形态特征是其自然和人文环境综合作用的结果，应对其形成机制和形成原因进行深入探讨。

（3）空间形态谱系

在空间形态特征表达的基础上，进行归纳总结，抽象概括提取核心关系结构，在此基础上进行比较分析，即分区比较、类型比较，总结内在关系，形成空间形态谱系。重点表达空间形态不同类型的空间关联特征、类型的谱系特征，以及分地区的空间形态关联特征和谱系。

2. 传统村落空间形态图谱技术框架

民族地区地形地貌复杂多变，文化圈差异明显，影响区域的传统村落，此外传统村落的空间形态由多个维度构成。因此，要系统、整体地分析民族地区传统村落空间形态特征，需借助图谱理论的表达与分析方法，建构"分区—分维—分类—比较"的空间形态图谱技术框架（图2.9）。

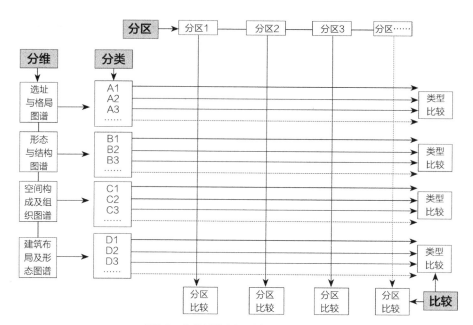

图2.9 传统村落空间形态图谱技术框架

（1）分区

民族地区地域辽阔，自然地形地貌、气候环境、海拔等差距较大，同时是多民族聚居区，受不同的文化圈影响较大，存在明显的文化分异。因此，借助综合的文化区划方法，能准确把握不同文化区的传统村落空间形态的特征和规律，也能快速识别该地区传统村落空间形态的典型性，为差异性分析提供比较的基础。

（2）分维

如前文所述，传统村落空间形态存在明显的"四维"特性，4个维度相互影响、相互支撑。选址与格局影响村落空间形态和结构，空间结构是各类空间构成及组织的核心骨架和约束力，公共空间和街巷空间直接决定建筑布局和形态。因此，应分4个维度构建空间形态图谱，共同形成该地区传统村落空间形态的整体图谱。

（3）分类

4个维度空间形态图谱建构的基础是各维度空间的基本范式和类型的确定，因此，应在分维的基础上对各维度空间形态进行范式分类，建立统一的分类标准，在此标准基础上，进行各维度空间形态的类型数量统计、类型特征分析。

（4）比较

以村落空间形态各维度的分类为基础，采用综合比较的方法，加强同类型的分区比较，加强分区的同类型比较，形成纵横交错的比较网络，解析各个维度空间形态的"三性"特征，即相似性、异质性、联系性，并分析其形成的原因和机制，真正建立各维度空间形态的谱系网络关系，以此为基础最终建立基于4个维度谱系的传统村落空间形态谱系。

3. 传统村落空间形态图谱的要素层级

（1）数据层

数据层的构建包括数据调研、数据转换、数据分析3个部分，其中数据调研和数据转换是工作基础，数据分析是构建关键（图2.10）。

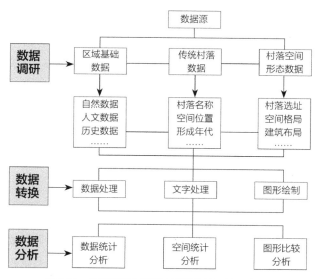

图2.10　传统村落空间形态图谱数据层构建方法

数据调研：包括：①区域基础数据收集，如气候、水文、历史、人文、民族等；②传统村落基础数据收集，如村落数量、类型、人数等。

数据转换：对原始数据按需求进行加工处理，主要包括数据处理（如数据整理、数据录入）、文字处理（如访谈材料整理、历史文献整理录入、相关文献收集录入）和图形绘制（如利用村落地形图、卫星图等绘制建筑肌理、道路交通分析、山水格局等空间形态分析图，或者利用现状照片、历史图像绘制相关分析图）。

数据分析：对基础数据进行统计分析、空间统计分析以及图形数据的比较分析。

数据分为3个部分：①区域基础数据，包括自然环境数据、人文环境数据等，主要利用统计年鉴、地方志等获取历史、经济、民族等数据，以及数据网站等获取DEM、高程、气候及水文数据；②传统村落数据，包括村名、位置、地理坐标、民族、形成年代、规模等；③传统村落空间形态数据，包括高程、选址、形态、空间结构、建筑布局及重要建筑。

（2）分区层

以空间为载体的区域划定是研究的基础，分区层包括：①点状数据，如寺庙、官寨、历史城镇等点状空间布局；②面状数据，如行政区划、历史行政区划、民族分区等；③线状数据，如文化线路、民族迁徙通道等空间布局数据。此外，分区层还包括多元要素的综合空间分区方法，以及形成的区域具体空间分区结果，可能是具体的空间边界，也可能是虚拟的空间边界。

（3）分维层

传统村落研究内容较多，涉及空间、形态、物质遗产等显性要素，人文、历史、活动等隐性要素。人居环境学科注重对物质空间载体等显性要素研究，即传统村落空间形态研究，主要包括村落选址与格局、村落形态与结构、村落空间构成与组织和村落建筑布局与形态4个维度，重点分析村落环境、村落空间、村落建筑3个层次的特征、组织及形成原因。

（4）分类层

结合区域的实际，对各维度空间形态的类型建立统一的分类标准，进行详细的类型分类，并总结各分类类别的典型特征、空间模式图以及形成原因。分类需应用类型学相关理论与方法，对全区域全类型进行详尽覆盖调研，将现状空间形态特征进行归纳总结，抽象成简化空间形态模式图，并通过相互比较归纳，将相同类型归一，将不同形态形成新的分类，从而形成完整分类标准。

（5）比较层

比较是探寻关系的最重要的方法，比较能归纳出表征规律，以此为基础分析内在关联，常用的方法有3种：①村落之间直接比较，但由于区域传统村落较多，比较难度较大，不容易形成明显结果；②以分区为基础的比较，通过初步比较分析各分区的表征规律，各分区的相似性、差异性特征，并进行深度比较，分析各表征形成的原因，以及对各分区间联系性特征分析（图2.11）；③以分类为基础的类型比较，通过初步比较分析各类型的表征规律，即数量特征、

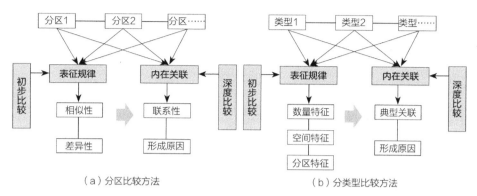

（a）分区比较方法　　　　　　　　　　　（b）分类型比较方法

图2.11　传统村落空间形态图谱比较层构建方法

空间分布特征及分区特征等，通过深度比较分析内在关联、典型特征关联以及形成原因。

（6）总结层

图谱总结，将比较结果进行提炼总结，主要有谱系表、谱系图和总体特征分析。空间形态谱系表，对村落各维度空间形态形成以类型为主导的谱系表，分析各类型的数量特征。空间形态谱系图，将村落空间形态类型与地理空间数据叠加，分析空间形态与地理空间的结合及分布特征。总体特征分析，对空间形态的空间聚集特征、典型分布特征等进行总结。

4．川西地区传统村落空间形态图谱的整体框架

川西地区地形地貌复杂，民族多元，形成了多种形态、特色各异的村落。通过调研归纳、系统分析和比较，总结形成三级图谱关系，4个维度构成一级图谱，4个一级图谱分为二级图谱，二级图谱细分为多个三级图谱，共形成"4维—9项—47类"的川西地区传统村落空间形态总体图谱框架（图2.12）。

（1）村落选址与格局图谱

川西地区传统村落选址格局图谱分为自然条件影响的选址和人文条件影响的选址两个二级图谱。其中，自然条件影响的传统村落选址可分为山地河谷、河谷坡地、河谷台地、平坝河谷、高山台地和高山坡地6类，人文条件影响的传统村

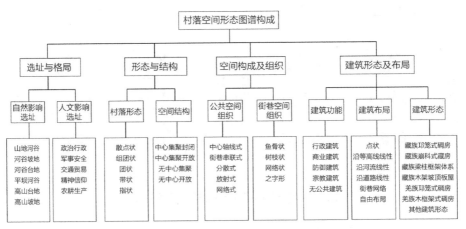

图2.12 川西地区传统村落空间形态图谱的整体框架

落选址类型可分为政治行政、军事安全、交通贸易、精神信仰、农耕生产5种类型，形成三级图谱。

（2）村落形态与结构图谱

川西地区传统村落形态与结构图谱分为形态和空间结构两个二级图谱，川西地区传统村落空间形态可分为散点状、组团状、团状、带状和指状5类，空间结构可分为中心集聚封闭、中心集聚开放、无中心集聚、无中心开放4类，形成三级图谱。

（3）村落空间构成与组织图谱

川西地区传统村落空间构成与组织图谱分为公共空间和街巷空间两个二级图谱，川西地区传统村落公共空间组织可分为中心轴线式、街道串联式、分散式、放射式和网络式5类，街巷空间组织可分为鱼骨状、树枝状、网络状、之字形4类，形成三级图谱。

（4）村落建筑布局与形态图谱

川西地区传统村落建筑布局与形态图谱分为建筑功能、建筑布局和建筑形态3个二级图谱，建筑功能类型可分为行政建筑、商业建筑、防御建筑、宗教建筑和无公共建筑5类；建筑布局可分为点状、沿等高线线性、沿河流线性、沿道路线性、街巷网络和自由布局6类；建筑形态可分为藏族邛笼式碉房、藏族崩科式藏房、藏族梁柱体系藏房、藏族木架坡顶板屋、羌族邛笼式碉房、羌族木框架式碉房和其他建筑形态7类，形成三级图谱。

第3章 川西地区传统村落特征及地域分区

3.1 川西地区自然及人文环境特征

3.1.1 川西地区自然环境

1. 地形地貌

（1）整体地形地貌

川西地区位于横断山脉东段，地处青藏高原与四川盆地之间，是第一级阶梯向第二级阶梯的过渡地带，地形以高山峡谷、高原、山原为主。其中阿坝州地处青藏高原东南边缘，是高原与平原过渡地区，海拔西高东低，高山峡谷为主，集中分布在东南部，谷深山高，峡谷狭窄，北部是松潘高原。甘孜州北高南低，有多条大的河流由北向南流经，形成深切峡谷，分布在东南和南部，北部地区形成相对平坦的高原宽谷区，中部有多座连绵的高山。

（2）地貌类型

川西地区地貌类型可细分为高原、山原、山地、平坝、台地5类。高原指海拔3000m以上，地势起伏200m以下，坡度较小的地区，主要包括高山原、高平原、丘状高原。山原指海拔3000m以下，地势起伏小于200m，坡度10°以下的山顶、山脊或山坡。山地根据海拔高度不同，分为低山、低中山、中山、高山、极高山5类。平坝，指海拔3000m以下，坡度小于7°的河谷两侧的阶地和冲沟、坳谷。台地，主要指顶面基本平坦，四周有陡崖，似台状的地貌，海拔3000m以下坡度小于7°的河谷台地，以及高度在200m以下的丘陵台坝。

川西地区山地最多。其中，阿坝州山地以中山为主，海拔2500～4000m；甘孜州山地以高山为主，海拔4000～5000m。

（3）主要山体

川西地区山体多呈南北走向，由西向东依次形成了4条山系。西侧是沙鲁里山，北起石渠县，向南延伸至云南玉龙山，海拔在5000m以上的山峰30多座，最高峰格聂山主峰海拔6204m。中部为大雪山，位于雅砻江和大渡河之间，北起道孚县，向南延伸，最高峰贡嘎主峰海拔7556m，是区域内第一高峰，也是四川省第一高峰，被称为四川之巅。东侧有邛崃山和岷山，邛崃山脉北起鹧鸪山，向南与夹金山相接，山岭海拔4100～4300m，主峰四姑娘山海拔6250m，是区域内第二高峰，也是四川省第二高峰。岷山山脉呈北西—南东走向，山岭海拔4000～4200m，主峰雪宝顶海拔5588m。

2．气候条件

川西地区属亚热带高原季风气候，与青藏高原主体气候相类似，冬干夏湿、冬寒夏暖、雨热同季、日差较大、日照充足，气温北低南高。川西地区地形复杂，气候的水平和垂直差异极大，主要特点如下：

（1）日照

川西地区光能丰富，日照充足强烈，日照日数较大，大部分地区平均年日照时数超过2000h，是四川省日照时数高值区，较长的日照时数也能一定程度弥补地区温度较低的不足。日照时数地区差异较大，从空间上看西部和北部的日照时间长，东部高山峡谷地区日照时间相对较短。日照季节变化明显，呈现有规律的季节变化，春季日照时数最多，占全年26%～30%，秋季占全年20%～24%，夏季、冬季占全年20%～29%。

（2）气温

川西地区气温年平均温度低，年变化小，日变化大，年平均气温除低矮河谷地带在10℃以上外，一般均在8℃以下，夏秋温凉几乎常年无夏，冬春严寒而漫长，是四川省气温低值区。其中，北部年平均气温在8℃以下，部分地区在0℃以下，红原、若尔盖等地区年最低气温可达−34℃。此外，地区气温日较差较大，大部分地区均在13℃以上，红原等地可达22℃，因此建筑保温是建造中的重要考虑因素。

（3）降水

川西地区降水量整体偏少，年降水量500～800mm，是四川省降水低值区。从空间分布来看，中部和北部降水量较多，东南部茂县和西南部得荣等地较少。雨热同季，旱雨季节分明，年总降水量冬季约占5%，夏季占40%～50%。

3．水文条件

川西地区河流众多，水文资源丰富，可分为六大水系，即大渡河水系、岷江水系、金沙江水系、雅砻江水系、嘉陵江水系和黄河水系。长江上游主要支流岷江、大渡河、金沙江、雅砻江南北向纵贯全境，其中大渡河流域面积最大，约12.6万km²，此外黑河、白河、贾曲3条支流流经阿坝县、若尔盖县、红原县汇入黄河水系，川西地区也是四川全省唯一长江、黄河共同流经的地区。

4．风景资源

川西地区旅游资源极其丰富，连绵的雪山，广袤的草原，多彩的高山湖泊热泉，珍奇的野生动植物，加上历史悠久的民族人文景观，构成了地区古朴、典雅、绮丽、神秘的旅游文化，是旅游、观光、度假胜地。川西地区目前拥有九寨沟、黄龙、四姑娘山和贡嘎山4个国家级风景名胜区，以及卡龙沟、米亚罗、叠溪—松坪沟、亚丁和太阳谷等12个省级风景名胜区。其中，九寨沟风景名胜区和黄龙风景名胜区已被列入世界自然遗产名录。

3.1.2　川西地区人文环境

1．历史沿革

川西地区历史久远，历朝历代均设置行政管辖机构，成为地区行政中心，包括现今的汶川、茂县、松潘、康定、理县等城镇，这些历史城镇成为地区联系网络中重要的节点和驿站，影响着周边的传统村落。

2．民族构成

川西地区为多民族聚居地，除汉族外还有多个少数民族，如藏族、羌族、彝族、苗族、回族、蒙古族等。该地区藏族居住在甘孜州和阿坝州高原地区，羌族是中国历史最悠久的民族之一，主要居住在岷江上游的茂县、汶川、黑水、松潘、北川等地。从空间分布来看，藏族县主要分布于川西地区西部和北部，羌族县集中分布在东中部，而多民族混合县主要分布在东部。经统计以藏族为主的县22个，羌族为主的县1个，汉族为主的县1个，多民族混合县7个。

3．重要文化线路

（1）茶马古道线路

茶马古道从形成年代和使用频率看，主要有3条，即青藏道、滇藏道、川藏道。青藏道兴起于唐代，发展较早，滇藏道连接云南和西藏，与部分川藏道重合。川藏道影响最大，又分两条线：一条俗称"南路"，即雅安—康定—西藏；一条俗称"西路"，即松茂古道，都江堰—汶川—松潘—汇入青藏线。其中，川藏线"南路"在经过康定后又分为南北两条线路，在昌都汇合，北线经道孚、章古（炉霍）、甘孜德格至卡松渡过金沙江，经纳夺、江达至昌都；南线由雅江、理塘、巴塘出川，后经芒康至昌都入藏，是一条官道，驻藏大臣和官兵均由此路至西藏（图3.1）。

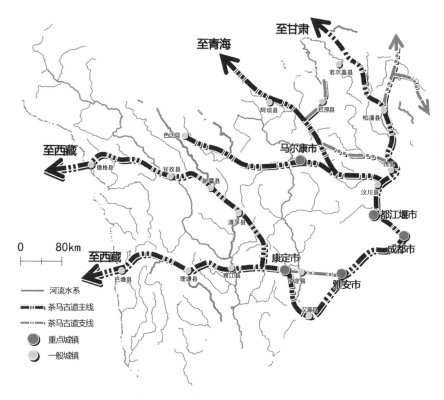

图3.1 川西地区茶马古道线路示意图

（2）茶马古道沿线重要城镇

沿线重点城镇：康定、甘孜、雅安、松潘。一般城镇：巴塘、理塘、雅江、新都桥、德格、炉霍、道孚、汶川、茂县。

3.2 川西地区传统村落特征

3.2.1 传统村落基本特征

1. 传统村落数量

四川省前四批国家级传统村落数量众多，共225个。村落在全省空间分布上差异明显，主要分布在川西地区与川南地区，其他地区传统村落分布相对较少，其中川西地区国家级传统村落67个，占全省的29.78%。

川西地区31个县市中，15个县市有国家级传统村落分布，九龙县、雅江县等16个县市无传统村落分布。在传统村落集中分布的15个县市中，马尔康市和九寨沟县传统村落分布数量最多，均为7个。

2. 传统村落年代

川西地区67个国家级传统村落历史悠久，94.3%的村落为清代以前形成。其中，汉代形成的村落5个，占比7.5%；唐代形成的村落11个，占比16.4%；宋代形成的村落7个，占比10.4%；元代形成的村落9个，占比13.4%；明代形成的村落16个，占比23.9%；清代形成的村落15个，占比22.4%；民国时期形成的村落4个，占比6%。

3. 传统村落规模

按照人口规模将传统村落分为4个等级，分别为特大型村落、大型村落、中型村落和小型村落。其中，人口为1000人及以上为特大型村落，600~1000人为大型村落（含600人），200~600人为中型村落（含200人），200人以下为小型村落。川西地区传统村落中，中型村落42个，占比62.7%；小型村落12个，占比17.9%；大型村落7个，占比10.4%；特大型村落6个，占比9%。

按照用地规模将传统村落分为 4 个等级，特大型村落、大型村落、中型村落和小型村落，村落占地面积在 1000 亩以上为特大型村落、300～1000 亩为大型村落（含 300 亩）、50～300 亩为中型村落（含 50 亩）、50 亩以下为小型村落。川西地区传统村落中，中型村落 39 个，占比 58.2%；大型村落 17 个，占比 25.4%；小型村落 9 个，占比 13.4%；特大型村落 2 个，占比 3%。

4．传统村落民族

按照村落主导民族对村落进行分类，川西地区藏族村落 52 个，占比 77.6%；羌族村落 11 个，占比 16.4%；汉族村落 1 个，占比 1.5%。多民族混居村落指村落中有多个民族，且村落民族人口数量上不占绝对优势的村落共 3 个，占比 4.5%。

3.2.2　传统村落类型特征

1．按村落选址分类

川西地区传统村落的分布多种多样，受地形限制，常依山傍水、倚形顺势，选址类型别具特色。按村落位置可以分为河谷、高山、高原 3 种形式，可细分为河谷平坝、河谷坡地、河谷台地、高山坡地、高山平坝和高原平坝 6 种类型。

2．按村落民族分类

川西地区的民族主要为藏、羌、汉 3 个民族，同时分布有少量彝、回等民族，按照传统村落的主导民族可以划分为藏族村落、羌族村落、汉族村落和多民族混居村落 4 种类型。

3．按村落职能分类

川西地区传统村落的职能由于历史演变、宗教文化等多方因素，所担当的职能也有所不同。该地区藏传佛教有很深的底蕴，茶马古道也经过于此，形成了多种职能的村落。按村落职能进行分类，分为官寨型村落、贸易型村落、宗教型村落和居住型村落 4 大类型（图 3.2）。

（a）官寨型村落：马尔康市西索村　　　　　　　（b）贸易型村落：汶川县老人村

（c）宗教型村落：壤塘县壤塘村　　　　　　　（d）居住型村落：理县休溪村

图3.2　川西地区传统村落职能类型

3.2.3　传统村落空间分布特征

1. 传统村落分布的不均衡与聚集

借助ArcGIS的Quantities功能进行可视化表达，形成川西地区县域传统村落空间分布图。传统村落在县域分布上不均衡现象明显，31个县市中16个县无传统村落，部分县传统村落数量超过7个。

利用ArcGIS中Kernel Density工具分析，选择带宽（Search Radius）为0.8km对67个传统村落进行核密度估算分析，川西地区传统村落形成多个高密度核心区，理县、茂县和黑水县核心区，九寨沟县核心区、丹巴县核心区、炉霍县核心区。该聚集核心区又呈现带状分布，主要分布在317国道和213国道两侧。

此外，选取川西地区的中心城市，主要为两个州政府所在地马尔康市和康定市以及城镇人口3万人以上的县政府所在地，包括茂县、汶川县、九寨沟县和泸定县，分析传统村落分布与中心城市的距离。绝大部分传统村落与中心城市的距离较远，传统村落呈现边缘分布特征。

2．传统村落海拔分布差异明显

川西地区由于受地形地貌的影响，村落多分布于平缓的河谷两侧，但区域内整体海拔较高，传统村落海拔亦较高，主要分布在海拔2000～2500m和海拔2500～3000m两个区间内。海拔2000～2500m区间中的传统村落个数为14个，占比20.9%；海拔2500～3000m区间中的传统村落个数为18个，占比26.9%。

3．传统村落分布亲水性显著

由于生活、农业、牧业等均离不开水，早期人类主要择水而居，水系成为村落选址的重要因素，传统村落在重要河流及河流交汇处形成聚集，部分河流还承担交通运输职能，成为流动的通道。川西地区传统村落除了少量高山村落不临水外，绝大多数村落周边分布有一条及以上河流。此外，由于川西地区多为山地，亲水性村落主要分布在深谷底部和河流两侧缓坡上。

4．传统村落分布沿道路聚集

道路是村落对外联系、物质交换的通道，川西地区主要道路多由古驿道演变而来，有着漫长的历史。川西地区传统村落的分布与路网格局联系紧密，统计道路两侧3km范围内的村落，67个国家级传统村落中，有45个村落邻近国道和省道，占传统村落总数的67.2%。其中317国道两侧传统村落分布最多，1km范围内传统村落数量为10个，占传统村落总数的14.9%。县道和乡道传统村落数量较少，数量为7个，占传统村落总数的10.4%。此外，仍有部分村落依靠村道连接，数量为15个，占传统村落总数的22.4%。

3.3　川西地区传统村落地域文化分区

传统村落所在的地域是自然作用的结果，更是生活其中的人不断选择、不断改造自然与自然抗争的结果。关于地域分区，普遍认可的是主导因素影响论，村落的分布规律及整体形态是某种主导因素影响而产生的结果。川西地区虽然受自然条件影响形成不同的聚落形态，但主导聚落形态特征形成与发展的是居住其中的人，以及人与人之间的联系，而其中最重要的联系就是民族性联系及其形成的深厚文化，它影响了人们饮食、生活习俗、日常活动、房屋建造、聚落构成等。因此，川西地区的地域文化区主导因素是基于地域空间的民族文化。

3.3.1　行政地域分区的历史演变

汉代，大部分地区还未纳入中央版图，众多部落分据各地，统称为诸羌部落，而松潘、理县等以东地区属于蜀郡。唐代，岷山以西，大渡河西、南皆为吐蕃，于是今阿坝境内大部分属吐蕃辖地，岷山以东属于剑南道。元代置威州（汶川），隶属成都路，东部地区为宣政院辖地，西北部甘孜、德格等地由朵甘思宣慰司都元帅府管辖，西南部等地则属于朵思甘宣慰司都元帅府辖地。清代巴塘、理塘、马尔康、丹巴等地封土司管辖，于阿坝置茂州、理番厅、松潘厅、懋功厅等，隶属成都府。

综上，松潘、茂县、汶川、理县和丹巴等地区，一直是少数民族与中央政权边界地，是争夺的焦点，也是民族交流重点地区。民族融合较充分的地区，传统村落防御性增强，选址建造受外来人文因素影响较大，空间形态更复杂更多元。

3.3.2　民族融合地域分区的演变

川西地区民族众多，各民族的人不断迁入、不断斗争、不断融合，形成融合状态下相对稳定的民族分区。羌族早期迁入，并不断争斗形成相对固定的聚居区。藏族人随吐蕃王朝东进，与原有部落融合后，分布于川西地区大部分地域。

回族人因战争、经商、戍守等多重因素，分批从甘肃、青海进入川西地区东部地域，未形成较明显的大片聚居区。川西地区东部自古就是少数民族与中原汉族王朝争夺的要地，也是汉族人进入的主要区域，并不断向中部和西部区域延伸。

1．羌族的迁移

殷商时羌人主要活动在我国西北和中原地区，秦人战败羌人，羌人西迁，一部分羌人开始向西南及西北迁徙，来到岷江上游、大渡河流域。汉以后，西北部的羌人又经过2次较大的迁徙来到岷江上游。隋朝时黄河一带的羌人向内地迁徙，其中一部分到达了岷江上游，羌人通过不同时期迁入，并与周边区域民族斗争，在当前地域内聚居，形成目前的羌族，继续保持着羌人的习俗和特点。

2．藏族的演变

随着吐蕃王朝进一步发展壮大，向东占领川西地区大部，藏族人东迁至川西地区，加上大批军队驻守及其后裔，同时占领过程中也征服统一了川西地区原有部落"党项""嘉良""白狗""哥邻"等，经过不断融合、通婚、演化，形成目前的藏族及其聚居区。受宗教信仰和习俗的影响，藏族又可分为多个小的文化区域。

3．回族的定居

唐代，松州、理番是当时贸易重镇，吸引了不少阿拉伯人和波斯商人，他们来中国经商定居成为最早的回族。元代，部分波斯人、阿富汗人和少数新疆人被押解至松州等地屯垦，后成为世代居住在该地的回族。明代，部分波斯、阿拉伯商人被胁迫至松州筑城，后定居于松潘，并修建了清真寺。清朝时由于动乱，部分回族官兵在大小金川等地定居，又因"改土归流"政策变革，一大批回族人从甘肃、青海等涌入，部分回商定居在了盛产鸦片的马尔康、大小金川等地。民国时，甘肃、青海等地的回族人，因为经商、灾荒、动乱等陆续迁入了若尔盖、阿坝、茂县、汶川等地。

4．汉族的往来

唐代于茂县、松潘、黑水等设正州，与汉族人口同等编户。松潘地处交通要道，是西山商路上的重要集镇，吸引了大批军士、商人，其中以汉族人最多，这也是较早进入的汉族人，宋代陆陆续续有不少汉族人移入羌区。到了明末清初时期又有了3次较大的移居：第一次是由于清军入关后，川人逃亡，土地荒废，朝廷令各省调人入川开垦，其中部分便来到了羌区；第二次是由于战乱导致大小金川土地荒废、人口骤减，朝廷诏令汉族人进大小金川垦荒；第三次由于"改土归流"，清政府在大小金川设汉屯，屯兵6000余人。至此该区汉族人口大大增加。此外，在一些商贸城镇如理县杂谷脑、产烟城镇如懋功等，汉族商人络绎不绝，有的就此定居，坐地经商或开垦。

3.3.3 综合的地域文化分区

参照相关的文化分区方法，结合目前各民族的空间分布，本书提出基于民族文化空间分布的综合文化分区方法，将川西地区分为四大文化分区，传统村落也与之适应，形成对应的传统村落分区（表3.1）。

川西地区传统村落综合分区　　　　　　　　　　　表3.1

文化区	村落	数量（个）
羌族文化区	较场村、桃坪村、联合村、阿尔村、老人村、牛尾村、四瓦村、小河坝村、增头村、萝卜寨村、休溪村	11
嘉绒藏族文化区	知木林村、丛恩村、西索村、代基村、齐鲁村、加斯满村、色尔古村、西苏瓜子村、甘堡村、直波村、色尔米村、莫洛村、宋达村、波色龙村、大别窝村、沙吉村、兰村、春口村、妖枯村、克格依村	20
安多藏族文化区	茸木达村、壤塘村、大城村、东北村、大屯村、修卡村、中查村、下草地村、大录村、大寨村、苗州村	11
康巴藏族文化区	边坝村、麻通村、龚巴村、仲堆村、七湾村、然柳村、朱倭村、帮帮村、古西村、色尔宫村、马色村、仲德村、车马村、德西二村、德西三村、德西一村、查卡村、八子斯热村、阿称村、子实村、子庚村、阿洛贡村、下比沙村、亚丁村、修贡村	25

具体分区（图3.3）如下：

1．羌族文化区

羌族文化区，是羌族世居和聚居的区域，主要包括汶川县、茂县、理县部分。该区域与藏文化区、汉文化区接壤，既保留了自身民族特性，又是民族交流、民族融合的重要区域，形成了独特的传统村落。

2．嘉绒藏族文化区

嘉绒藏族文化区，包括马尔康市、黑水县、丹巴县、金川县、小金县、理县部分、壤塘县部分。嘉绒地区，部分学者和文献认为其是康区，但从历史上看，"嘉绒"指墨尔多神山周边地区，讲藏语方言嘉绒话，有上千年的历史，是特殊和相对独立的地理空间单元。藏区称这里的藏民为"绒巴"（农区人）。本书将这一地区单独列为文化区。

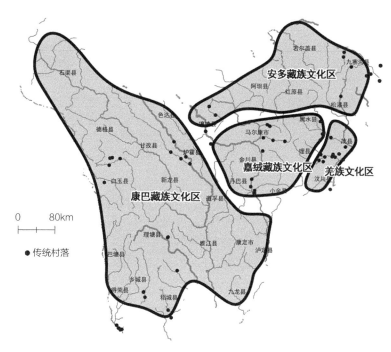

图3.3　川西地区综合地域文化分区示意图

3．安多藏族文化区

藏族文献史籍将藏区分为卫藏、安多、康区3个区域。安多藏族文化区，主要包括若尔盖县、红原县、九寨沟县、松潘县、阿坝县、壤塘县部分。该区域自古是藏彝民族走廊，是历史上重要的民族迁徙的通道，是藏、羌、汉、回等民族融合的重要区域。

4．康巴藏族文化区

康巴藏族文化区，包括除丹巴县之外的甘孜州大部分地区。该区域是青藏高原至成都平原的过渡地带，连接青藏高原与云贵高原，是农牧过渡地区，是中央王朝与西藏地区的主要连接通道。多变的地形地貌，加之民族交往和民族融合，使得该地区文化呈现多元性和复杂性，并形成了多样的传统村落形态。

第4章 川西地区传统村落选址与格局图谱

4.1 自然条件影响的选址与格局图谱

4.1.1 自然条件影响的选址分类

自古以来，人们往往会根据不同的自然地理环境来选择自己的居住场所，也会利用不同的地形地貌形成不同的聚落形态。川西地区村落平均海拔1500~4000m，这一地区多高山，河谷纵横分布，地形地貌复杂多变，传统村落的选址也因地制宜，体现出不同的选址特征。按照川西传统村落选址的空间位置，可以分为山地河谷、河谷坡地、河谷台地、平坝河谷、高山台地和高山坡地6种类型（表4.1）。

川西地区传统村落自然条件影响的选址类型　　表4.1

选址类型	主要特征	布局图示	典型村落
山地河谷	村落位于河流两侧地势较平坦的区域，海拔较低、坡度较缓，但河谷两侧有高大的山体		桃坪村、较场村、联合村、大屯村
河谷坡地	村落位于河谷两侧山地的山脚处和山腰处，河谷平坝地区多用于农耕生产		莫洛村、甘堡村、直波村、色尔古村
河谷台地	村落位于河流两侧的平台上，与河流有较大高差		色尔宫村、马色村、仲德村

续表

选址类型	主要特征	布局图示	典型村落
平坝河谷	村落位于河流两侧地势平坦的区域，海拔较高、河谷宽阔，河谷两侧山体较小	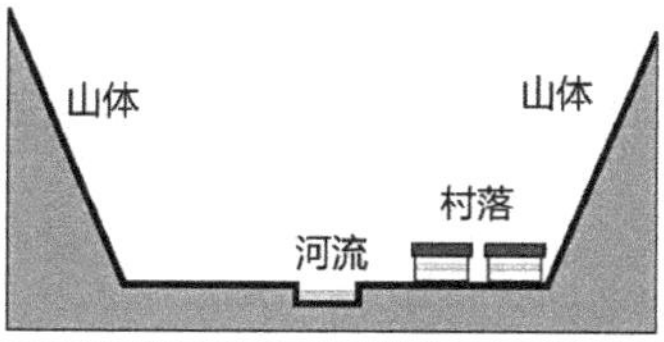 山体　山体　村落　河流	车马村、查卡村、然柳村、朱倭村
高山台地	村落位于高大山体的坡顶或者山腰，选择地势平坦的区域	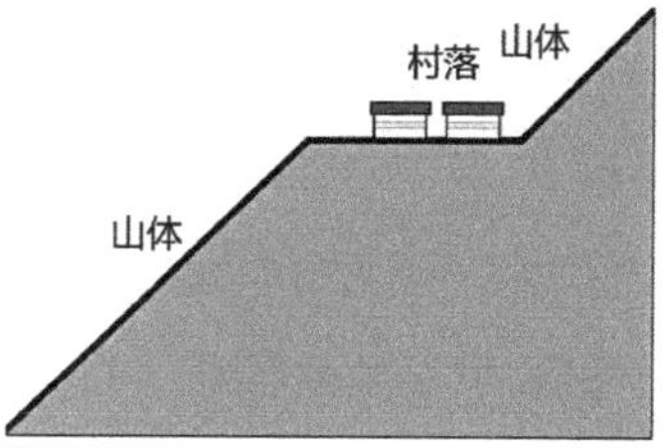 村落 山体　山体	苗州村、休溪村、萝卜寨村、克格依村
高山坡地	村落四周山体高大，坡度较陡，村落选址坡度较缓的区域	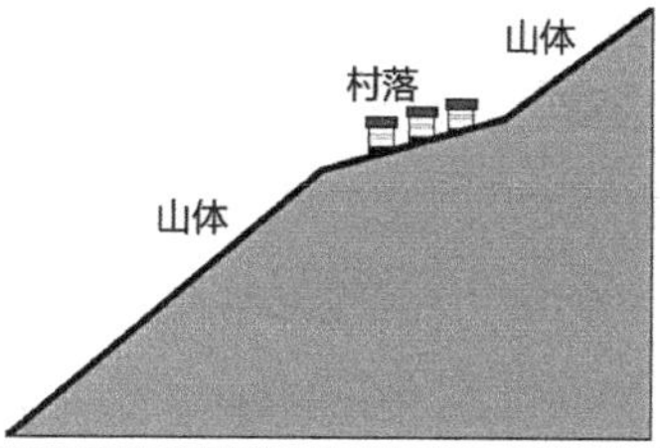 村落 山体　山体	增头村、大寨村、小河坝村、沙吉村

1．山地河谷

在河流流经处和交汇处，由于水流冲击，形成了大大小小的若干平坝或缓坡，这些地带地形平坦，土地肥沃，水资源丰富，成为聚落的理想选址地。河谷地区地形高程差2～50m，地形坡度2%～15%，两侧山高坡陡，形成山地河谷型地貌。该类型主要集中在川西地区东部，汶川县、理县、茂县、黑水县及马尔康市等地区。依附这样的山水格局，大多房屋背山面水而建，如理县桃坪乡桃坪村。

2．河谷坡地

由于河道湍急、河谷用地较少，也有洪水淹没的危险，只能选择河道两侧坡地居住，河谷地区多用于农耕生产。相较平坝河谷地区，河谷坡地村落高程差

20～220m，村落坡度15%～40%。该类型主要分布在丹巴、得荣等地区。村落从山脚延伸到山腰，山间的平地多作为耕地，村落的山水格局多为背山面水，如丹巴县梭坡乡莫洛村。

3. 河谷台地

台地主要指顶部平整、四周有陡坡或悬崖的台状地貌。由于河谷地区用地狭窄，河谷台地型传统村落选择河谷两侧相对平坦的平坝或缓坡地带，村民居住和生产主要在台地展开。该类村落数量较少，如乡城县青德镇仲德村。

4. 平坝河谷

平坝河谷地区平均海拔2500～3900m，村落高程差2～30m，村落坡度2%～12%，山体之间距离较大（超过1000m）。平坝地区较广阔，往往会有平缓的支流水系流经，形成平坝河谷地区，主要分布在炉霍、理塘等地区。远离山体及大江大河，不易发生地质灾害，形成了大面积土质良好的耕地和牧草，适合高原居民进行农牧活动。

5. 高山台地

高山台地地区的平均海拔2000～3700m，多为高山上独立的平台，村落高程差1～45m，村落坡度3%～20%，地形较为平坦。高山台地型村落均不临河流水系，在山地高台上独立营建。这些传统村落有着天然的防御系统，但是水资源的匮乏制约了它们的发展，因此，高山台地的传统村落规模较小，如汶川县雁门乡萝卜寨村。

6. 高山坡地

高山坡地有着复杂的山坡形态，平均海拔2000～3000m，村落高程差50～300m，相对其他类型的传统村落来说变化较大，村落坡度15%～60%。该类村落选址多在山体中部的山腰位置，部分会建设在山顶区，建筑大多以组团分布或沿等高线带状分布，农田组团式分布在山间平坦地区，如九寨沟县罗依乡大寨村。

4.1.2　自然条件影响的选址分区比较

1.羌族文化区特征

羌族文化区传统村落的自然条件影响选址类型主要有4类：山地河谷型村落有5个，占地区总数的45.5%；河谷坡地型村落1个；高山坡地型村落3个；高山台地型村落2个（表4.2）。

羌族文化区传统村落选址类型　　　　　　　　　表4.2

选址类型	村落	数量（个）
山地河谷型	较场村、桃坪村、联合村、阿尔村、老人村	5
河谷坡地型	牛尾村	1
高山坡地型	四瓦村、小河坝村、增头村	3
高山台地型	萝卜寨村、休溪村	2

（1）整体选址特征

羌族文化区为高山峡谷地貌，主要分布在河谷和高山，其中有6个村落临水分布，占地区总数的54.5%，5个高山村落，区域内村落亲水性与远水性共存。村前河流通过，河道宽20~30m，水流湍急；靠近村落一侧溪流汇聚，宽度5~10m，水流平缓，是村落主要的水源。

羌族文化区内的传统村落，多数在杂古脑河流域聚集分布，表现出明显的流域性分布特征。杂谷脑河发源于鹧鸪山的南麓，经理县、汶川县，在威州镇汇入岷江，全长158km，流域面积4629km²，在该流域内共有8个传统村落，主要分布于河两岸的平坝区域和两侧山腰处（图4.1）。

羌族文化区内的地形地貌主要为山地河谷，因此村落选址与山体的联系十分紧密。村落近山型选址主要分为两类：①选址在山麓处，共有6个村落，占地区总数的54.5%；②选址在山腰处，共有5个村落，占地区总数的45.5%。

羌族文化区山麓型村落有以下几个特征：①村落位于山脚处或者山脚的平坝

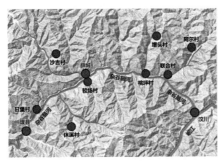

图4.1　杂古脑河流域传统村落分布示意图

处，与山体有一定距离，通常在10m内；②羌族文化区山麓型村落背后山体坡度较陡峭约30°；③村落内坡度也较陡约20°，如较场村。

羌族文化区山腰型村落有以下几个特征：①村落选址于山腰，距山谷较远，多在500m以上；②村落建于山间的缓坡处，坡度20°；③村落背后的山体陡峭，坡度35°，如增头村。

（2）典型选址特征

1）山地河谷型

羌族文化区传统村落选址类型中，山地河谷型村落占多数，集中分布在杂古脑河两侧。这5个村落与水的联系极为密切，均为分合水型村落。村落建于河流主流和支流交汇处，一方面，湍急的河流主流为村落提供了天然的屏障；另一方面，平缓的支流为村落的日常生活提供了便利的水源。

羌族文化区山地河谷型村落选址主要有以下几个特征：①村落所临河流尺度较小，河流宽度一般在20m左右；②村落一般注重防洪、排水的处理，多建于与河流高差近9m的高台上，同时村内拥有优良的排水设施；③河谷两侧的山体比较陡峭，山体坡度约45°；④河谷较狭窄，河谷宽度100～300m；⑤村内地形比较平缓，坡度约10°；⑥村内建筑布局一般比较紧凑，节约用地空间，利用四周平坦地区种植农作物。

理县桃坪乡桃坪村位于杂古脑河北岸，背靠陡峭的山体，村落建筑布局紧

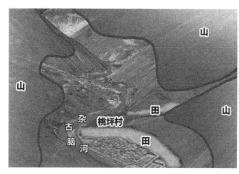
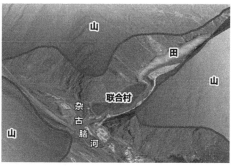

（a）桃坪村山水格局   （b）联合村山水格局

图4.2   羌族文化区山地河谷型村落选址

凑（图4.2a），村落处在两处山脊线交会处，与对面陡峭山体相对，现有3座碉楼，拥有极强的防御性。汶川县龙溪乡联合村位于杂古脑河与龙溪沟的交汇处，村落布局坐西朝东，依山而建（图4.2b）。村落两侧是陡峭的山体，山体坡度在45°以上，周边的山地与河流使得联合村成为一个山环水抱、藏风纳水的风水宝地，在河流交汇处设2座碉楼，遏制住来往交通，是交通要塞。

2）高山坡地型

羌族文化区部分村落选址在高山上，依托险要的地形地势进行防御。高山坡地型村落一般位于杂古脑河流域及支流两侧的高山上，村落选址主要有以下几个特征：①村落选择建在山腰坡度相对较缓的地方；②村落沿着等高线退台分布，建筑布局较分散，为加强防御呈小组团布局；③村落会沿着山体坡向开垦的大片梯田，方便日常生活；④利用地势修建建筑，利于防御，并修建防御建筑碉楼，如小河坝村（图4.3）。

2. 嘉绒藏族文化区特征

嘉绒藏族文化区20个传统村落选址类型分为4类：河谷坡地型村落最多有

图4.3   小河坝村高山坡地型村落选址

9个，占地区总数的45%；山地河谷型村落5个；高山坡地型村落2个；高山台地型村落4个（表4.3）。

嘉绒藏族文化区传统村落选址类型   表4.3

选址类型	村落	数量（个）
山地河谷型	知木林村、丛恩村、西索村、代基村、齐鲁村	5
河谷坡地型	加斯满村、色尔古村、西苏瓜子村、甘堡村、直波村、色尔米村、莫洛村、宋达村、波色龙村	9
高山坡地型	大别窝村、沙吉村	2
高山台地型	尕兰村、春口村、妖枯村、克格依村	4

（1）整体选址特征

1）临水选址多但亲水性不足

嘉绒藏族文化区14个村落临水分布，其中9个村落与水的距离较远，均为河谷坡地型选址，主要分在丹巴县和黑水县的河谷地区，村落临水但不亲水。本区域的大渡河、黑水河河流较宽、河流湍急且支流较少，所以村落多为直去水风水格局，与水保持一定垂直距离，相较于羌族文化区，村落与水的联系性弱。

2）流域性选址明显

嘉绒藏族文化区绝大多数的村落在大渡河流域、梭磨河流域和黑水河流域形成聚集分布，表现出明显的流域性分布特征。整个文化区内有14个村临水分布，占地区总数的90%，6个村落在山腰或山间平台分布。

大渡河发源于青海省的果洛山南麓，流经金川县、丹巴县，在丹巴县城东与小金川汇合后始称大渡河，于乐山市汇入岷江，全长1062km，流域面积7.77万km²。大渡河流域内传统村落有6个，均在丹巴县境内，分别为莫洛村、宋达村、妖枯村、齐鲁村、克格依村和波色龙村（图4.4），除齐鲁村位于河谷外，其余村落均位于河谷两侧陡峭的山坡或平台。

图4.4　大渡河流域传统村落分布示意图

梭磨河发源于红原县，流经刷经寺、马尔康城区、松岗等地，在热足下游汇入脚木足河，河流全长182km，流域面积3015km²。梭磨河流域内分布有3个传统村落，均在马尔康市内，分别是色尔米村、西索村和直波村，这些村落均选址在支流与梭磨河交汇处，附近均有土司官寨。

黑水河发源于黑水县西部，流经黑水县和茂县，于茂县两河口汇入岷江，全长122km，全流域面积为7240km²。黑水河流域范围内共分布有4个传统村落，分别为黑水县的知木林村、西苏瓜子村、色尔古村、大别窝村。

3）近山性选址显著

嘉绒藏族文化区内的地形地貌主要为山地河谷，因此嘉绒藏族文化区内的村落选址与山体的联系十分紧密，有12个村落选址于山麓上，占总数的60%。此外，有5个村落位于山腰，3个村落位于山间平台。山麓型村落有以下几个特征：①村落位于山脚，与山体有一定距离，30m左右；②山麓型村落背后山体较陡峭，坡度28°左右；③村落内也较陡，坡度大于15°，如加斯满村。山腰型村落有以下几个特征：①村落选址在距山脚50m左右的山腰处，丹巴地区部分村落距山脚的距离超过200m；②村落建于山间的缓坡处，坡度在22°左右；③村落背后的山体陡峭，坡度35°左右，如西苏瓜子村。

（2）典型选址特征

嘉绒藏族文化区河谷坡地型村落选址主要有以下几个特征：①村落所临河

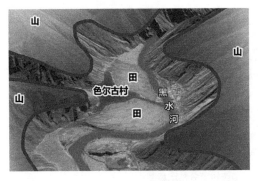

图4.5　色尔古村山水格局

流尺度较大，河流宽度一般在40m左右，且村落距河流较远，一般在140m以上；②河谷两侧山体较陡峭，山体坡度一般在35°左右；③河谷较狭窄，其宽度约200m；④村落一般建于与河流有较大高差的坡地上，高差一般超过30m，村落建造的位置坡度一般在20°以上，建筑沿等高线呈退台分布，除丹巴县为分散布局外，其余地区为集中布局；⑤利用坡地地形形成梯田或在河谷平坦地区进行农耕生产，并结合少量放牧保证居民粮食供给。

黑水县色尔古乡色尔古村，依山傍水，坐落在黑水河与五里沟交汇处（图4.5）。色尔古村寨背靠大山，西侧为黑水河河谷，中部五里沟穿过。整个村寨分上下寨，寨内小巷曲折，阶梯密布，纵横交错，宛如迷宫，建筑沿等高线布置，层层退台布局紧凑，村落防御性较强。村落距黑水河125m，高出河床80m，村落拥有极好的防洪性，且在形成的冲积扇上开垦了大片农田。

3．安多藏族文化区特征

安多藏族文化区村落选址类型分为4类：山地河谷型村落5个，占地区总数的45.5%；河谷坡地型村落4个；高山坡地型村落1个；高山台地型村落1个（表4.4）。

安多藏族文化区传统村落选址类型　　　　　　　　　　表4.4

选址类型	村落	数量（个）
山地河谷型	茸木达村、壤塘村、大城村、东北村、大屯村	5
河谷坡地型	修卡村、中查村、下草地村、大录村	4
高山坡地型	大寨村	1
高山台地型	苗州村	1

（1）整体选址特征

由于安多藏族文化区农牧业发达，村落注重生产，9个村落临河而建，占地区总数的81.8%，仅有2个村落未临河而建，村落亲水性明显。

安多藏族文化区村落近山型选址分为两类：①村落选址远离山体，5个村落，占地区总数的45.5%；②村落选址在山腰处，6个村落，占地区总数的54.5%。远离山体型村落有以下特征：①村落位于距山体较远，大于20m的平坝或平台处；②村落内地势平坦，坡度在4°左右。山腰型村落则有以下特征：①村落选址在距山脚400m左右的山腰处；②村落建于山间的缓坡处，坡度约10°；③村落背后的山体较陡，坡度约20°。

（2）典型选址特征

1）山地河谷型

安多藏族文化区山地河谷型村落占比较多，集中分布在九寨沟县及松潘高原地区。此类选址类型的村落主要有以下特征：①河流尺度较小，其河流宽度约25m；②河谷两侧的山体较矮小，山体高度约200m；③河谷较宽阔空旷，河谷宽度超过500m；④村落建筑布局紧凑，呈团块状，村落所拥有的耕地数量较多，在村落四周分布。

松潘县十里回族乡大屯村，村落选址背山面水，其背靠植被茂密、郁郁葱葱的娘娘山，岷江河由北向南流经村落（图4.6）。建筑呈集中团块式分布，受汉族文化影响，建筑为汉族风貌，每户设置院落，街巷纵横交错四通八达，无明显防御性。此外，大屯村南北侧还拥有大量集中耕地，内部有分散菜地，村落人口较多，经济状况良好。

2）河谷坡地型

安多藏族文化区的传统村落中，河谷坡地型村落较多，占比36.4%，主要分布在九寨沟县。此类选址类型的村落主要有以下特征：①村落所临河流尺度较小，其河流宽度约10m；②两侧山体陡峭，其坡度一般在25°左右；③两侧山体挤压，河谷较窄，河谷宽度约100m；④村落建筑布局较紧凑，且沿等高线呈退

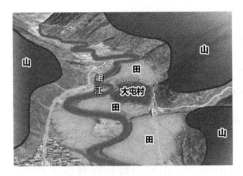

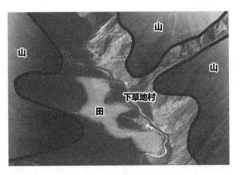

图4.6 大屯村山水格局   图4.7 下草地村山水格局

台分布。

　　九寨沟县草地乡下草地村四面环山，村落四周树木林立，村落依山而建，背靠白马神山八海山（图4.7），房屋布局依山就势，沿等高线横向展开，层层退台，交通依靠纵向的阶梯和横向的巷道组织。用地紧张，建筑布局紧凑，各家各户利用建筑围合形成开敞式院坝，建筑整体风格与地形地貌、自然环境和谐统一。

　　4．康巴藏族文化区特征

　　由于康巴藏族文化区地域分布较广，区内6种选址类型均有，并且呈现出明显的地域性分布差异。其中，山地河谷型村落最多，7个，占地区总数的28%；河谷坡地型村落2个；河谷台地型村落3个；平坝河谷型村落5个；高山坡地型村落5个；高山台地型村落3个（表4.5）。

康巴藏族文化区传统村落选址类型   表4.5

选址类型	村落	数量（个）
山地河谷型	边坝村、麻通村、龚巴村、仲堆村、七湾村、然柳村、朱倭村	7
河谷坡地型	帮帮村、古西村	2
河谷台地型	色尔宫村、马色村、仲德村	3
平坝河谷型	车马村、德西二村、德西三村、德西一村、查卡村	5

续表

选址类型	村落	数量（个）
高山坡地型	八子斯热村、阿称村、子实村、子庚村、阿洛贡村	5
高山台地型	下比沙村、亚丁村、修贡村	3

（1）整体选址特征

康巴藏族文化区的大部分村落有放牧的需要，村落择水而居具有较强的亲水性，18个村落临水分布，占地区总数的72%。

金沙江发源于唐古拉山脉东段，向南流经川、藏、滇三省，是川藏两省重要的分界河，河流全长3364km，流域面积47.32万km²。川西地区金沙江流域内传统村落有5个，均在得荣县内，分别为阿称村、阿洛贡村、子庚村、子实村和八子斯热村（图4.8）。

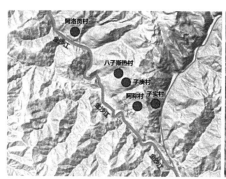

图4.8　金沙江流域传统村落分布示意图

鲜水河发源于青海省巴颜喀喇山南麓，在炉霍县与南源达曲汇合，再向南流经道孚县，最后汇入雅砻江。该河长541km，流域面积19338km²。鲜水河流域内共分布有4个传统村落，均在炉霍县内，分别为古西村、七湾村、然柳村和朱倭村。

（2）典型选址特征

1）山地河谷型

在康巴藏族文化区中，山地河谷型选址村落一共有7个，占总数的28%，集中分布在炉霍县和白玉县。此类选址类型的村落主要有以下特征：①村落所临河流尺度不大，河流宽度一般在30m左右；②河谷两侧的山体较低、坡度较缓，山体高度一般在600m左右，山体坡度在28°左右；③河谷较宽，宽度一般在500m左右；④村落建筑布局较分散，村落四周分布有大量耕地。如白玉县热加乡麻通村，坐落于偶曲河北部的缓坡上，背山面水（图4.9）。房屋分散布置，周围农田遍布，地势整体较平坦。

2）河谷台地型

该类型村落主要分布在乡城县地区，有以下特征：①村落所临河流尺度较大，河流宽度一般在50m左右；②村落处于河流较高处的平台上，其高差一般在60m左右；③村落一般位于平台的远山处，呈分散状布局；④村落四周有大量的耕地，耕地资源充足，如乡城县色尔宫村（图4.10）。

3）平坝河谷型

平坝河谷型村落集中分布于理塘县，主要有以下特征：①村落的海拔较高，都在4300m以上，村内地势平坦，坡度不超过5°；②村落周围山体离村落较远，形成宽阔平坝；③村落呈团块状布局，建筑布局紧凑。

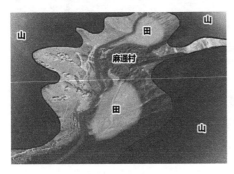

图4.9 白玉县麻通村山水格局

图4.10 乡城县色尔宫村整体鸟瞰

理塘县格木乡查卡村，达曲河自村落东侧流过，周围均为平缓的山坡（图4.11）。达曲河河谷孕育了肥沃的土地，丰美的水草，村落四周低矮的山坡为牧民放牧提供了基础条件。

4）高山坡地型

高山坡地型选址村落集中分布在得荣县，主要有以下特征：①村落位于高耸陡峭的高山上，山体高度一般在1600m以上，山体坡度约30°；②村落建于山腰或山顶较平缓区域，村落布局呈分散小组团状；③村落所临河流尺度较大，河流宽度一般在90m左右，水流湍急。

得荣县子庚乡子庚村，选址于海拔3000m的中山缓坡，村后为海拔4000m高山，村前为深达1000余米的金沙江大峡谷，村落可远眺雪山。农田分布于村落四周，古树、白塔分布其间，碎石小径曲径通幽，村落风貌古朴（图4.12）。

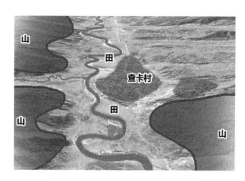

图4.11　理塘县查卡村山水格局

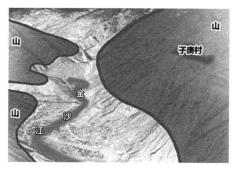

图4.12　得荣县子庚村山水格局

5. 自然条件影响的选址分区比较（表4.6）

（1）羌族文化区受用地限制、防御需求和交通便利的影响，主要为山地河谷型和高山坡地型选址。

羌族文化区地形地貌主要为高山峡谷地貌，平坦建设用地较少。同时，此区域处于汉族村落和藏族村落中间，是矛盾冲突易发区。因此，羌族先民在村落选址中不仅要考虑生产用地的需求，还要考虑防卫安全的需求，羌族文化区内形成了大量的高山坡地型村落。此外受到古官道和茶马古道的影响，在交通便利的河谷也形成了较多的山地河谷型村落。

（2）嘉绒藏族文化区受用地限制和防御需求的影响，主要为河谷坡地型选址。

嘉绒藏族文化区同样处于汉藏羌交界地带，冲突较多。同时，此区域为高山深谷，大渡河等河流尺度较大，河流湍急，平坦的河谷较少。因此，村落多选址在距离河谷有一定距离的山腰处，既可以防御冲突又可以免于洪水威胁。

（3）安多藏族文化区受汉族文化影响较大，主要为山地河谷型和高山坡地型选址。

安多藏族文化区由于河流尺度较小，且山体低矮，形成了大量平坦的河谷，此区域内为藏族、汉族交界处，受汉族文化影响较大，村落选址多在平坦的河谷，形成大量的山地河谷型选址，有背山面水、农田环绕的特点。此外，部分藏族选址在深山深谷中，不受外界打扰，形成了较多的河谷坡地型选址。

（4）康巴藏族文化区地域辽阔，6种选址类型均有，主要为山地河谷型和高山坡地型选址。

康巴藏族文化区由于地域辽阔，选址类型多样，6种选址类型均存在，但地域差别明显。白玉县和炉霍县山体低矮，河流尺度较小，河谷宽阔，村落选址主要为山地河谷型；得荣县由于地处横断山脉，多高山深谷，金沙江河流湍急，村落选址主要为高山坡地型；乡城县和理塘县位于高原平坝地区，受地形地貌影响，形成了川西地区独有的两种选址类型，分别为河谷台地型和平坝河谷型，乡城由于地质运动且土质问题，长年来，河流不断侵蚀下沉，形成一个个与河流高差较大的台地，乡城县村落选址为特有的河谷台地型。理塘县则是处于理塘高原，山体低矮，地势平坦、一望无际，理塘县村落选址为特有的平坝河谷型。

川西地区传统村落自然影响的选址分区特征比较　　　表4.6

文化区	主要类型	特征	影响因素
羌族文化区	山地河谷型 高山坡地型	1. 选址类型共有4种； 2. 山地河谷型占地区总数的45.5%，高山坡地型占地区总数的27.3%； 3. 河谷坡地型和高山台地型数量较少	1. 羌族文化区内多山地，用地条件有限，多选址于高山； 2. 处于冲突区域，选址偏向防御性； 3. 受古道和茶马古道的影响，在一些交通便利的河谷形成村落
嘉绒藏族文化区	河谷坡地型	1. 选址类型共有4种； 2. 河谷坡地型占地区总数的45%； 3. 山地河谷型、高山坡地型和高山台地型数量较少	1. 河流尺度较大，流速湍急，村落多选址于距河谷有一定距离的坡地； 2. 处于冲突区域，坡地选址更有利于防御
安多藏族文化区	山地河谷型 河谷坡地型	1. 选址类型共有4种； 2. 山地河谷型占地区总数的45.5%，河谷坡地型占地区总数的36.7%； 3. 高山坡地型和高山台地型数量较少	1. 高山较少，河流尺度较小，河谷宽阔，有充足的平坦建设用地； 2. 受汉族传统选址观念的影响，选址在山地河谷处； 3. 部分藏族分布于偏远的高山深谷中
康巴藏族文化区	山地河谷型 河谷台地型 平坝河谷型 高山坡地型	1. 选址类型共有6种，表现出明显的地区性分布差异； 2. 山地河谷型占地区总数的28%，高山坡地型占地区总数的20%； 3. 平坝河谷型和河谷台地型是独有的类型； 4. 河谷坡地型和高山坡地型数量较少	1. 地域广阔，选址类型丰富，各县的选址差异明显； 2. 白玉县和炉霍县高山较少，河流尺度小，河谷宽阔，多山地河谷型村落； 3. 得荣县内多高山，且河流湍急，可用地较少，多选址于高山的缓坡处； 4. 理塘县处于高原地带，山体较小，选址为独有的平坝河谷型

4.1.3 自然条件影响的选址类型比较

1.山地河谷型

4个文化区均有山地河谷型村落分布，特征差异较大。羌族文化区山地河谷型村落共有5个，主要分布在汶川县和理县；嘉绒藏族文化区山地河谷型村落共有3个，主要分布在马尔康市；安多藏族文化区山地河谷型村落共有5个，主要分布在壤塘县和九寨沟县；康巴藏族文化区山地河谷型村落共有6个，主要分布在白玉县和炉霍县，两个县内的山地河谷型村落差异明显（表4.7）。

川西地区山地河谷型村落选址特征比较 表4.7

分布地区	汶川县、理县	马尔康市	壤塘县、九寨沟县	白玉县	炉霍县
文化区	羌族文化区	嘉绒藏族文化区	安多藏族文化区	康巴藏族文化区	
村落数量（个）	5	3	5	3	3
河谷宽度（m）	300	600	500	400	600
与山关系	山体陡峭，村落紧邻山体	山体陡峭，村落与山体有一定距离	山体低矮，村落距山体较远	山体低矮，村落距山体较近	山体低矮，村落距山体较远
特征	1.河流交汇处，全为分合水型；2.河道宽20~30m，水流湍急；3.建筑集中团块布局，农田较少，布置在村落两侧	1.河流沿岸，全部为傍依水型；2.河道宽35~50m，水流较急；3.建筑集中团块布局，农田较多，布置在村落两侧	1.河流交汇处，全为分合水型；2.河道宽20~25m，水流平缓；3.建筑集中团块布局，农田较多，布置在村落两侧	1.河流沿岸，全部为直去水型；2.河道宽20~30m，水流平缓；3.建筑散点布局，农田四周分散布局，农田较多	1.河流沿岸，全部为直去水型；2.河道宽45~50m，水流较急；3.建筑集中团块布局，农田较多，布置在村落两侧

（1）山地河谷型村落所处河谷宽度不一，炉霍县嘉绒藏族、安多藏族以及康巴藏族文化区的村落所在的河谷较宽，宽度均在500m以上；白玉县羌族文化区和康巴藏族文化区的村落所处的河谷宽度在300～400m，其中羌族部分地区河谷宽度不足百米，较狭窄。

（2）山地河谷型村落所临山体差异也较大，其中羌族文化区内的山地河谷型村落全部紧邻山体，且山体陡峭；嘉绒藏族文化区内山体陡峭，村落与山体有一定距离；安多藏族文化区内山体低矮，村落距山体较远；康巴藏族文化区白玉县内山体低矮，村落距山体较近；而炉霍县村落则距山体较远。

（3）山地河谷型村落其他选址特征也存在差异，羌族文化区山地河谷型村落主要分布在河流交汇处，且全为分合水型；河道宽度20～30m，水流湍急；建筑集中团块布局，农田较少，布置在村落两侧。嘉绒藏族文化区山地河谷型村落主要分布在河流沿岸，且全为傍依水型；河道宽度35～50m，水流较急；建筑集中团块布局，农田较多，布置在村落两侧。安多藏族文化区山地河谷型村落主要分布在河流交汇处，且全为分合水型；河道宽度20～25m，水流平缓；建筑集中团块布局，农田较多，布置在村落两侧。康巴藏族文化区山地河谷型村落主要分布在河流沿岸，且全为直去水型；白玉县内的河道宽度20～30m，水流平缓；建筑散点布局，农田较多，与建筑相间分布；而炉霍县内的河道宽度45～50m，水流较急；建筑集中团块布局，农田较多，布置在村落两侧。

2. 河谷坡地型

河谷坡地型村落只在嘉绒藏族文化区和安多藏族文化区内分布，其中嘉绒藏族文化区河谷坡地型村落一共有8个，主要分布在黑水县、丹巴县、马尔康市3个区域，安多藏族文化区河谷坡地型村落一共有3个，主要分布在九寨沟县，且各区域村落选址特征各有不同（表4.8）。

（1）河谷坡地型村落所处河谷宽度不一，嘉绒藏族文化区马尔康市内的村落所处河谷较宽，宽度约600m，其他3个区域内的村落所处河谷较窄，宽度200～300m。

（2）河谷坡地型村落所处河谷两岸山体坡度差异较大，其中嘉绒藏族文化区内的丹巴县河谷坡地型村落两侧山体坡度均比较陡峭，而嘉绒藏族文化区马尔康市和安多藏族文化区的河谷坡地型村落只是邻村一侧山体坡度比较陡峭。

（3）河谷坡地型村落其他选址特征也存在差异，嘉绒藏族文化区黑水县河谷坡地型村落主要分布在河流沿岸处，且全为傍依水型，建筑集中团块布局，农田较少，布置在村落两侧。丹巴县内的河谷坡地型村落主要分布在河流沿岸处，且全为直去水型，建筑散点布局，农田较少，与建筑相间布置；马尔康市内的河谷坡地型村落主要分布在河流沿岸，为直去水型和分合水型，建筑集中布局，农田较多，与村落相离布局。安多藏族文化区内的河谷坡地型村落主要分布在河流沿岸，为直去水型和傍依水型，建筑集中团块布局，农田较少，与村落相离布局。

川西地区河谷坡地型村落选址特征比较　　　　　　　　表4.8

分布地区	黑水县	丹巴县	马尔康市	九寨沟县
文化区	嘉绒藏族文化区			安多藏族文化区
村落数量（个）	3	3	2	3
河谷宽度（m）	300	300	600	200
山体坡度	两侧陡峭	两侧陡峭	邻村一侧较陡峭	邻村一侧较陡峭
特征	1. 在河流沿岸，全部为傍依水型； 2. 河道宽20~30m，水流较急； 3. 村落坡度22°左右，与河谷高差30m左右； 4. 建筑集中团块布局，农田较少，布置在村落两侧	1. 在河流沿岸，全部为直去水型； 2. 河道宽50~60m，水流湍急； 3. 村落坡度20°左右，距离河谷40m左右； 4. 建筑散点布局，农田较少，分散组团布局	1. 在河流沿岸，为直去水型和分合水型； 2. 河道宽40~50m，水流较急； 3. 村落坡度16°左右，距离河谷10m； 4. 建筑集中布局，农田较多，与村落相离布局	1. 在河流沿岸，为直去水型和傍依水型； 2. 河道宽10~15m，水流平缓； 3. 村落坡度16°左右，距离河谷15m左右； 4. 建筑集中团块布局，农田较少，与村落相离布局

3. 河谷台地型

河谷台地型村落是康巴藏族文化区内独有的村落选址类型，共有3个，主要分布在乡城县。受地质变化的影响，河流侵蚀下沉，形成一个个与河流高差较大的台地，出现了河谷台地型选址。河谷台地型选址一般具有以下几个特点：①村落所临河流尺度较大，其河流宽度一般在50m左右；②村落处于距河流较高的平台上，高差60m左右；③村落一般位于平台的远山处，呈分散状布局；④村落四周有大量的耕地，耕地资源充足。

4. 平坝河谷型

平坝河谷型村落同样是康巴藏族文化区内独有的村落选址类型，共有5个，主要分布在理塘县。由于理塘县地处高原地带，山体较小，地势平坦，村落选址为独有的平坝河谷型。平坝河谷型选址一般具有以下几个特点：①村落的海拔较高，都在4300m以上，地势平坦，坡度不超过5°；②村落周围山体距村落较远，形成宽阔平坝；③村落呈团块状布局，建筑布局紧凑。

5. 高山坡地型

高山坡地型村落只在羌族文化区和康巴藏族文化区内分布，其特征各有不同。其中，羌族文化区高山坡地型村落主要分布在汶川县和茂县，共有3个；康巴藏族文化区高山坡地型村落主要分布在得荣县，共有5个（表4.9）。

羌族文化区内的高山坡地型村落选址在高半山处，整体坡度约为35°，村落位于较缓的坡地处，坡度约为20°。河谷深且狭窄，村落与河谷高差较大，为300m左右，建筑布局较分散，为加强防御呈小组团布局，沿着山体坡向开垦大片梯田。康巴藏族文化区内的高山坡地型村落位于金沙江两岸高耸陡峭的高山上，山体高度一般1600m以上，山体坡度约30°；村落建于山腰或山顶较平缓区域，村落布局呈分散小组团状；村落所临河流尺度较大，河谷较宽。与河谷高差较大，为500m左右，建筑分散组团布局，农田较少，与建筑相离布置。

川西地区高山坡地型村落选址特征比较　　　　　　　　表4.9

分布地区	汶川县、茂县	得荣县
文化区	羌族文化区	康巴藏族文化区
村落数量（个）	3	5
特征	1. 村落所在山体整体坡度为35°； 2. 选址在高半山处较缓的坡地，坡度为20°左右； 3. 村落与河谷高差较大，为300m左右，河谷深且狭窄； 4. 建筑布局较分散，为加强防御呈小组团布局，沿着山体坡向开垦大片梯田	1. 村落所在山体整体坡度为30°； 2. 选址在高半山处较缓的坡地，坡度为18°左右； 3. 村落与河谷高差大，为500m左右，河谷较宽； 4. 建筑少且分散布局，农田较少，组团分散布置

6. 高山台地型

高山台地型村落数量较少，主要分布在羌族文化区、嘉绒藏族文化区和康巴藏族文化区内，其中羌族文化区高山台地型村落，主要分布在理县和茂县共有2个，嘉绒藏族文化区高山台地型村落主要分布在丹巴县，共有2个，康巴藏族文化区高山台地型村落主要分布在稻城县、炉霍县，共有2个（表4.10）。

川西地区高山台地型村落选址特征比较　　　　　　　　表4.10

分布地区	茂县、理县	丹巴县	稻城县、炉霍县
文化区	羌族文化区	嘉绒藏族文化区	康巴藏族文化区
村落数量（个）	2	2	2
特征	1. 村落所在山体整体坡度为27°； 2. 选址在高半山处平缓的台地上，坡度为5°左右； 3. 村落与河谷高差550m左右； 4. 建筑集中团块布局，农田较少，小组团分散布局两侧	1. 村落所在山体整体坡度为24°； 2. 选址在山腰处平缓的台地上，坡度为3°左右； 3. 村落与河谷高差400m左右； 4. 建筑散点布局，农田较少，农田分散布置与建筑相间或成小组团分散	1. 村落所在山体整体坡度为35°； 2. 选址在山顶处平缓的台地上，坡度为6°左右； 3. 村落与河谷高差200m左右； 4. 建筑集中团块布局，农田较少，分散布置

羌族文化区内的高山台地型村落选址在高半山处，山体坡度为27°，村落位于坡度较缓的台地处，坡度为5°左右。与河谷高差大，为550m左右，建筑集中团块布局，农田较少，布置在村落两侧。嘉绒藏族文化区内的高山台地型村落选址在高半山处，山体坡度为24°，村落位于较缓的台地处，坡度为3°左右，与河谷高差较大，为400m左右，建筑散点布局，农田较少，与建筑相间布置。康巴藏族文化区内的高山台地型村落选址在高半山处，整体坡度为35°，村落位于坡度较缓的台地处，坡度为6°左右。与河谷高差200m左右，建筑集中团块布局，农田较少，分散布局。

4.1.4　自然条件影响的选址谱系总结

1. 自然条件影响的选址谱系表

川西地区传统村落自然条件影响下的选址类型，一共可以分为6类，分别为山地河谷型、河谷坡地型、河谷台地型、平坝河谷型、高山坡地型和高山台地型。川西地区山地河谷型村落最多，河谷台地型和平坝河谷型村落最少。其中，山地河谷型村落22个，占总数的32.8%，主要分布在羌族文化区、安多藏族文化区和康巴藏族文化区；河谷坡地型村落16个，占总数的23.9%，主要分布在嘉绒藏族文化区和安多藏族文化区；高山坡地型村落11个，占总数的16.4%，多分布在羌族文化区和康巴藏族文化区；高山台地型村落10个，占总数的14.9%，主要分布在嘉绒藏族文化区；平坝河谷型村落5个，占总数的7.5%，全部分布在康巴藏族文化区；河谷台地型村落3个，占总数的4.5%，全部分布在康巴藏族文化区（表4.11）。

2. 自然条件影响的选址谱系图

将川西地区传统村落自然条件影响的选址类型与该村落的空间信息叠合，利用GIS进行类型重分类，形成川西地区传统村落自然条件影响的选址谱系图。

川西地区传统村落自然条件影响的选址谱系表　　表4.11

类型	村落	数量（个）	占比	主要分布
山地河谷型	边坝村、麻通村、龚巴村、仲堆村、七湾村、然柳村、朱倭村、茸木达村、壤塘村、大城村、东北村、大屯村、知木林村、丛恩村、西索村、代基村、齐鲁村、较场村、桃坪村、联合村、阿尔村、老人村	22	32.8%	安多藏族、康巴藏族、羌族文化区
河谷坡地型	帮帮村、古西村、修卡村、中查村、下草地村、大录村、加斯满村、色尔古村、西苏瓜子村、甘堡村、直波村、色尔米村、莫洛村、宋达村、波色龙村、牛尾村	16	23.9%	安多藏族、嘉绒藏族文化区
河谷台地型	色尔宫村、马色村、仲德村	3	4.5%	康巴藏族文化区
平坝河谷型	车马村、德西二村、德西三村、德西一村、查卡村、	5	7.5%	康巴藏族文化区
高山坡地型	八子斯热村、阿称村、子实村、子庚村、阿洛贡村、大别窝村、沙吉村、四瓦村、小河坝村、增头村、大寨村	11	16.4%	康巴藏族、羌族文化区
高山台地型	下比沙村、亚丁村、修贡村、苗州村、尕兰村、春口村、妖枯村、克格依村、萝卜寨村、休溪村	10	14.9%	康巴藏族文化区

3．自然条件影响的选址谱系总体特征

（1）村落整体亲水性强，但得荣县、九寨沟县和羌族大量村落远水性选址。

川西地区传统村落与水的关系较为密切，亲水性村落46个，占总数的68.7%，村落总体亲水性较强。远水性村落21个，主要分布在康巴藏族文化区内

的得荣县、羌族文化区内的理县、茂县以及安多藏族文化区内的九寨沟县，共
13个，占川西地区远水性村落总数的61.9%，其中得荣县远水性村落有5个，理
县、茂县有6个，九寨沟县2个（表4.12）。

川西地区传统村落与河流的关系　　　　　　　表4.12

与河流的密切程度	选址类型	村落数量（个）	总计（个）	占比
亲水	山地河谷型	22	46	68.7%
	河谷坡地型	16		
	河谷台地型	3		
	平坝河谷型	5		
远水	高山坡地型	11	21	31.3%
	高山台地型	10		

（2）流域性分布明显，选址类型有较大差异。

川西地区河流众多，将主要河流与传统村落空间点位进行叠加可以发现，
川西地区传统村落有明显的流域性分布特点，且各流域之间的村落选址类型差
异较大。主要分布在6个流域，分别为杂谷脑河流域、梭磨河流域、黑水河流
域、大渡河流域、鲜水河流域和金沙江流域。共有30个村落在上述流域内分
布，占川西地区传统村落总数的44.8%。其中，杂谷脑河流域有8个村落分布，
以山地河谷型和高山坡地型选址为主；梭磨河流域内有3个村落分布，以山地
河谷型选址为主；黑水河流域有4个村落分布，以河谷坡地型选址为主；大渡
河流域有6个村落分布，以河谷坡地型选址为主；鲜水河流域有4个村落分布，
以山地河谷型选址为主；金沙江流域有5个村落分布，以高山坡地型选址为主
（表4.13）。

川西地区传统村落流域性分布及选址特征　　　　　表4.13

流域名称	村落数量（个）	分布地区	选址类型	与水的关系	选址特征
杂谷脑河流域	8	汶川县理县	山地河谷型	亲水性强	位于杂谷脑河沿岸，两水交汇处；选址于河谷平坝；河流较窄，宽度25m
			高山坡地型	亲水性弱	杂谷脑河支流两岸；位于高山坡地，坡度较缓；与山谷河流300m高差
梭磨河流域	3	马尔康市	山地河谷型	亲水性强	位于梭磨河沿岸，两水交汇处；选址于河谷平坝；河流较宽，宽度40m
黑水河流域	4	黑水县	河谷坡地型	亲水性一般	位于黑水河沿岸；选址于山腰坡地；河流较窄，宽度30m；与河流30m高差
大渡河流域	6	丹巴县	河谷坡地型	亲水性一般	位于大渡河及支流沿岸；选址于山腰坡地；河流较宽，宽度60m；与河流40m高差
鲜水河流域	4	炉霍县	山地河谷型	亲水性较强	位于鲜水河沿岸；选址于河谷平坝；河流较窄，宽度25m
金沙江流域	5	得荣县	高山坡地型	亲水性弱	金沙江主河道沿岸；位于高山坡地，坡度较陡；与山谷河流500m高差

4.2　人文条件影响的选址与格局图谱

4.2.1　人文条件影响的选址分类

村落因人而兴、因人而废，因此村落在选址形成和发展过程中受人文因素影响较大，主要有5大类因素、13小类因素。政治行政因素影响最大，其次是交通商贸、军事安全、精神信仰，而农耕因素是最基础的选址人文因素。本书选取各村最重要的人文条件作为选址主要的因素。总体来看，川西地区传统村落军事安全影响的选址较多，20个，农耕生产影响的村落16个，精神信仰影响的村落14个（表4.14）。

川西地区传统村落人文条件影响的选址类型　　　　　　表4.14

选址类型	选址类型（亚类）	特征	典型村落
政治行政	都城型	王国或部落都城，格局完整，防御性强	萝卜寨村
	行政中心型	历史悠久，有行政管理机构	较场村
	土司官寨型	有土司官寨，功能相互联系	西索村、直波村
军事安全	屯兵型	有军事机构、军事设施	甘堡村
	自我防御型	防御性强、防御格局完整、防御建筑多	桃坪村、色尔古村
交通贸易	街道贸易型	茶马古道经过，形成商贸街道	老人村
	交通线路型	茶马古道经过，无商业设施	大屯村
	集市型	茶马古道经过，形成重要的交易市场	车马村
精神信仰	神山影响型	村落与神山视线联系	中查村、亚丁村
	寺庙直接影响型	寺庙位于村落内	壤塘村
	寺庙间接影响型	寺庙与村落分离，但寺庙影响力较大	麻通村、仲堆村
农耕生产	平坝农耕型	主要受农耕影响形成，选址平坝地区	七湾村、然柳村
	山地农耕型	主要受农耕影响形成，选址山地地区	增头村

1．政治行政型

川西地区从部落分散、民族自治到中央王朝的统治，经历了漫长的过程，形成了部分以政治行政职能为主的村落，分为都城型、行政中心型和行政管理型3种类型。

（1）都城型

都城型的传统村落在川西地区数量较少，比较典型的是汶川县萝卜寨。萝卜寨素有"古羌王的遗都，云朵上的街市"的美誉，是该地区最古老的羌寨之一。村落内有羌王府一座，同时设置了众多的宗教和祭祀空间。作为都城且处于重要的交通要道上，虽然没有羌族传统的碉楼，但有着较为完善的防御体系。

（2）行政中心型

川西地区自秦汉开始设置行政管理机构，形成了历史久远的行政中心。理县薛城镇较场村有茶马古道经过，是茶马古道重要的商贸节点，同时它也是地区一个重要的行政中心。隋代开始建薛城，逐渐成为州县治所和区域的边防重镇，唐代在薛城镇修建的筹边楼是一个具有特殊职能的建筑，它不仅仅拥有军事要塞和对外交际的职能，同时还承担着薛城镇的行政职能。此外，受汉文化影响，形成了以行政建筑为中心，街巷纵横交错的格局，东侧设置宁江门，西侧为伏羌门。

（3）土司官寨型

从元代开始，土司被逐渐确立为管理民族地区的重要制度，川西地区被分为多个土司辖地。土司官寨，既是地方行政中心，也是行政长官的居住地，随着商贸活动增加，官寨也成为商贸驿站和中心，并影响邻近的村落。在建造上，土司官寨多建造在高台上，利于防御，并与村落分离，村落村民只能仰视土司官寨，形成心理压迫感产生敬畏之心。马尔康西索村，是卓克基土司所在，官寨与村落隔河相望，并位于河岸高处的台地，同时受商贸影响在村落形成了商贸街道。

2. 军事安全型

自我防卫是人类的本能，从原始社会开始，人类为了躲避野兽和外族部落的入侵，便开始营造具有防御功能的居住环境。川西地区由于其复杂的民族分布环境，加之恶劣的自然和生存环境，民族与民族之间、部落与部落之间为争夺生存资源冲突频繁。此外，随着中央王朝管理的进入，与地方原有部族和地方势力为争夺行政权力爆发的战争不断。因此，有的村落依托自然地形来加强其防御性，有的村落会以人工的方式建造防御性建筑物和构筑物加强村落防御性，有的村落甚至成为重要的军事堡寨。从选址特征来看，可归纳为屯兵型村落和自我防御型村落两类。

（1）屯兵型

屯兵可追溯至汉代，将农耕生产与军事结合，军队既负责生产又负责地方的军事防御，这是守边和在民族地区治理的常用手段。清朝，川西地区与中央王朝的统治冲突不断，经历了多次战争，乾隆时期经历了大小金川战役，实行改土为屯，形成了很多屯兵守备点。这类堡寨型村落通常选址于平坝河谷或者较平坦地段，交通系统相对较为完善，方便在作战时派兵调遣。此外，平坦开阔的河坝地区有利于房屋紧凑有序的布局，有利于大片开敞空间的开发，使其成为屯兵型堡寨的练兵场。

甘堡村是其中的典型，村落四面环山，村落背靠山体修建，南侧为开阔平坦区，成为练兵屯兵场地，村内设置守备衙署等军事指挥机构。依托河流山体形成第一防御层次，建筑布局紧凑，靠山退台式布局形成第二防御层次，利用街巷形成第三防御层次，并设置碉楼等防御建筑。

（2）自我防御型

由于冲突和战争不断，自我防御成为村落主要的选址类型。部分村落利用高山、坡地、水体为自然防御屏障，有的村落建筑布局紧凑增强防御性，有的村落利用石材建造坚固建筑，有的村落修建碉楼等防御建筑，川西地区不同区域不同民族之间有着不同的防御特点。

色尔古藏寨的防御体系相对较为完善，寨前有猛河流过，整个村落背山面水，利用山和猛河形成第一道防御；利用台地和陡峭悬崖修建城墙和建筑形成第二道防御层次；村落内部道路错综复杂，暗道窄巷交叉，形成第三道防御层次；村落建筑石头砌筑坚固，防御性强，建筑色调与山体一致，提高隐蔽性，构成第四道防御层次。

3．交通商贸型

川西地区地处西藏与成都平原之间，是区域间商贸流通、人员流动的重要地区。区域交通商贸历史悠久，自唐代开始川藏、川青、川甘古道在此通过，古道联系着川西和西藏地区，推动了沿线各地的经济发展，也带动着各民族的人口迁移流动和文化融合，比较重要的是茶马古道。由于商业贸易的往来，川西地区形成了多种类型的商贸村落，可归纳为街道贸易型、交通线路型和集市型村落。

（1）街道贸易型

茶马古道汇聚了人、物质、信息等要素，也形成了众多的贸易节点和驿站。在此类节点村落，形成了多条街道，进行物质交换和贸易往来，街道商铺紧密相连、连续不断、数量众多，也连接村落内各种生活场所。

水磨镇老人村，自古以来是从内地通往高原的重要驿站和商贸口岸，老人村始建于宋代，在明万历年间，这里官商云集、贸易发达，禅寿老街也一时兴盛繁华。村落选址于河谷地带，并形成"U"形的一条主街道禅寿古街，四周出入口均设城门，在此基础上向两侧延伸，形成了鱼骨状的多条巷子。

（2）交通线路型

交通线路型村落指受古时各交通商贸要道过境影响，沿古道修建房屋并逐渐形成村落，该类村落属交通经过型，几乎无商贸和驿站等功能。松潘县大屯村中部有南北向茶马古道经过，古道带动了村落发展，建筑不断聚集，村落规模扩大。古道宽度1~1.5m，古道两侧建筑大多山墙相对，古道沿线的建筑院落设置围墙、篱笆，减少干扰。

（3）集市型

茶马古道线路从单一的茶、马贸易逐渐扩大，成为各种商贸流通汇集线路。随着贸易增加，形成了大型的集贸市场，并在市场周围逐渐聚居人口形成村落，部分村落演变为集镇。车马村位于理塘县高城镇，唐代，理塘为茶马互市重镇，车马村附近的老街（替然尼巴村）为当时的交易场所，人员来往多，当地因此也逐渐建设房屋，车马村也就此成为理塘县的重要驿站，随着发展村落里的老街成为村民进行商品交易的集市。

4．精神信仰型

川西地区多为藏、羌、汉族居民，受民族文化影响，有着重要的精神信仰与追求，如神山崇拜、宗教活动。

（1）神山影响型

受藏传佛教影响，为了表达对神山的崇敬，村落多面向神山选址聚居，建筑与神山正面相对。稻城县亚丁村选址位于相对平坦开阔的山腰台地，背靠山体，西北侧正对狭长山谷，与冲古寺相对，正北侧是被当地居民奉为神山的仙乃日雪山，村落建筑向山布局，开门见山，表达了当地居民对神山的崇敬。

（2）寺庙影响型

寺庙影响型传统村落，主要指受寺庙直接或者间接影响而形成的传统村落，两者直接表现出既相互依存又相互作用的关系。川西地区传统村落中村内有寺庙的30个，村附近有寺庙的5个，受寺庙直接影响的村落占总数的52.2%。

寺庙影响型的选址，分为两类：①寺庙直接影响型，即寺庙位于村落内，成为村落中心，民居建筑依托寺庙周边布置，空间布局主要有中心型、混合型、相邻型3种；②寺庙间接影响型，受地形影响用地紧张，寺庙占地较大并与村落分离布置，但寺庙影响力大，对居民日常生活产生作用，成为居民信仰中心，空间布局主要为分离型，如春口村大藏寺。

5．农耕生产型

民以食为天，我国农耕文化有几千年的历史。耕地类型多种多样，有农田、果园和牧草地，村民把耕地作为劳作对象，直接或间接地从中获取物质和能量。人们会选择有耕地的地方聚居，修建房屋、进行生产生活，并最终形成村落，根据地形条件可以分为山地耕地型和平坝耕地型选址两类。

（1）山地耕地型

川西地区多为山地地形地貌，村落多选址河谷两侧山地，并利用坡地较平缓的地方开辟成耕地种植粮食，耕地多形成梯田状，如增头村。部分在牧区的村落，利用坡地形成草甸草场，养殖牦牛、马匹等，如中查村。

（2）平坝耕地型

平坝地区地势平坦便于耕作，是村民聚居的首选之地。①高山河谷地区，利用河流两侧平地进行生产，耕地较少、用地分散，如仲堆村；②高原平坝地区，地势平坦、耕地规模较大，种植与放牧结合，如然柳村。

4.2.2 人文条件影响选址分区比较

1. 羌族文化区特征

羌族文化区传统村落的选址主要受政治行政、军事安全和交通贸易因素影响，而选址类型分为3类：自我防御型村落最多，7个，占地区总数的63.6%；政治行政影响的村落3个，其中行政中心型村落2个、都城型村落1个；交通贸易影响的村落1个（表4.15）。

羌族文化区传统村落选址类型　　　　　　　　　　　表4.15

选址类型	选址类型（亚类）	村落	数量（个）	合计（个）
政治行政	行政中心型	较场村、联合村	2	3
	都城型	萝卜寨村	1	
军事安全	自我防御型	休溪村、桃坪村、增头村、阿尔村、小河坝村、四瓦村、牛尾村	7	7
交通贸易	街道贸易型	老人村	1	1

（1）自我防御型

羌族文化区位于藏族文化区与汉族文化区交界处，羌族与周边民族的冲突不断，所以羌族文化区的村落营造十分注重安全，加强防御，自我防御型村落较多。此类村落选址为两类：①将村落建于高山之上，选择较缓的坡地和台地，背山面谷，易守难攻，此类村落主要分布在杂古脑河流域支流的深山里（图4.13a）；②村落建于平坦的河谷和河谷两侧的平缓坡地上，此类村落集中分布在杂古脑河

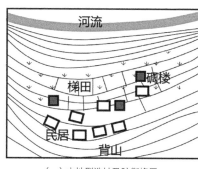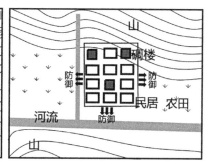

（a）山地型选址及防御格局　　　　　（b）河谷型选址及防御格局

图4.13 羌族文化区自我防御型村落选址模式

两侧平坦的平坝，村落建筑布局紧凑、街巷纵横交错、暗道密布，建筑坚固，同时设置碉楼、寨门等防御性构筑物，同样拥有较高的防御性（图4.13b）。

茂县黑虎乡小河坝村鹰嘴河组，位于群山之中，房屋较集中，整个房屋的布局像鹰嘴一样，故名鹰嘴河（图4.14a）。村内建筑全部为石砌建筑，建筑布局较集中于西南侧，背靠高山，围绕现存的5座高大羌碉布置；西侧为万丈悬崖，是天然的防御屏障；北部视野开阔，但坡度较陡，村民开垦成梯田，种植农作物和果树。村落地理十分险要，人文加自然要素形成村落整体的防御格局（图4.14b）。

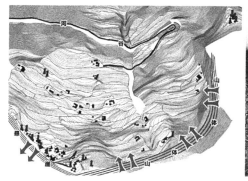

（a）茂县小河坝村平面示意　　　　　（b）茂县小河坝村实景

图4.14 羌族文化区自我防御型村落选址

（2）街道贸易型

随着交通改善以及民族交往的加强，在对外交通便利的河谷地区形成了一些街道贸易型村落，如较场村、老人村。该类型村落主要选址于河谷平坝，茶马古道线路经过，沿线形成村落，同时为古道上经过的人提供生活服务，形成街道，不断完善功能，成为茶马古道重要的驿站和节点，四周仍为农田和自然环境（图4.15）。此类村落选址独特，往往会与行政中心或土司官寨等结合设置。

水磨镇老人村位于汶川县，东邻都江堰市，是阿坝州进入成都平原的南大门。紧邻岷江支流寿溪河，自古以来，老人村就是从内地通往高原的重要驿站和商贸口岸。到明万年历年间，这里官商云集、贸易发达，禅寿老街也一时兴盛繁华，两侧商铺连绵，街道设置寺庙、牌楼、万年台、大夫第等众多公共建筑，茶马古道也由此联系着内外的贸易和交流（图4.16）。

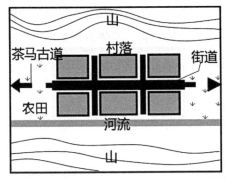 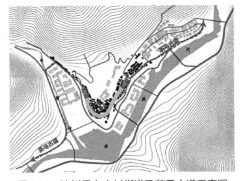

图4.15　羌族文化区街道贸易型村落选址模式　　　图4.16　汶川县老人村街道及茶马古道示意图

2. 嘉绒藏族文化区特征

嘉绒藏族文化区传统村落的选址人文成因有政治行政、军事安全、交通贸易、精神信仰和农耕生产，而选址类型分为6类：自我防御型村落最多，有11个，占区域总数的55%；土司官寨型村落有3个；屯兵型村落1个；交通线路型村落1个；寺庙直接影响型村落2个；平坝农耕型村落2个（表4.16）。

嘉绒藏族文化区传统村落选址类型　　　　　　　　　　　　表4.16

选址类型	选址类型（亚类）	村落	数量（个）	合计（个）
政治行政	土司官寨型	西索村、直波村、尕兰村	3	3
军事安全	自我防御型	加斯满村、色尔古村、大别窝村、西苏瓜子村、沙吉村、莫洛村、齐鲁村、妖枯村、宋达村、波色龙村、克格依村	11	12
	屯兵型	甘堡村	1	
交通贸易	交通线路型	色尔米村	1	1
精神信仰	寺庙直接影响型	春口村、代基村	2	2
农耕生产	平坝农耕型	知木林村、丛恩村	2	2

（1）自我防御型

嘉绒藏族文化区地处多民族地区，冲突不断，如著名的大小金川战役，在甘堡村设置屯兵堡寨，此外其他村落为自身安全也加强了村落的自我防御。根据地域差异分为两类：①在丹巴县，分布在大渡河两岸。如丹巴县梭坡乡莫洛村将村落建在河谷两侧的山体陡坡上，坡度超过40°，依托湍急的大渡河形成天然的自然防御格局，并在村内设置大量碉楼，构成了完整的防御体系（图4.17a）；

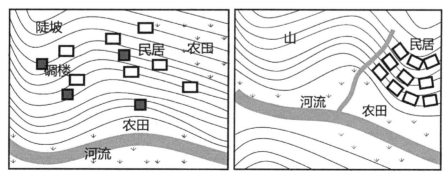

（a）丹巴县自我防御型村落选址模式　　　　　（b）黑水县河谷自我防御型村落选址模式

图4.17　嘉绒藏族文化区自我防御型村落选址

②位于黑水县，黑水河两岸，建筑依山布局，利用河谷平地种植粮食，建筑多为石砌，坚固稳定，增强防御性。黑水县维古乡西苏瓜子村，选址于七日瓜山大郎坝上，背山面水，建筑依山就势层层退台布局。建筑错落有致，建筑特色鲜明，立面开窗小、建筑色彩与山体相融。寨内小巷曲折，户户相连，阶梯暗巷密布，宛如迷宫。村落与背后山势融为一体，进可遏制河谷，退可躲藏深山（图4.17b）。

（2）土司官寨型

清后期，在马尔康地区形成了四大土司，土司官寨所在村落成为行政中心，同时茶马古道经过形成商贸节点。马尔康市卓克基镇西索村，位于梭磨河南侧，处于梭磨河与其支流交汇之处，水运陆运交通便利，同时，金川至马尔康和理县至马尔康两条茶马古道在此会合（图4.18），卓克基土司官寨位于东侧的独立台地上，使

图4.18　嘉绒藏族文化区土司官寨型村落选址

得西索村成为当时卓克基土司所辖区域内的政治、经济、文化中心。

3．安多藏族文化区特征

安多藏族文化区传统村落的选址人文成因有政治行政、军事安全、交通贸易、精神信仰和农耕生产。选址类型中精神信仰影响的村落较多，有4个；神山影响型村落1个；寺庙直接影响型村落3个；土司官寨型村落有1个；屯兵型村落1个；交通线路型村落1个；农耕型村落4个（表4.17）。

安多藏族文化区传统村落选址类型　　　　　　　　　　表4.17

选址类型	选址类型（亚类）	村落	数量（个）	合计（个）
政治行政	土司官寨型	修卡村	1	1
军事安全	屯兵型	大城村	1	1

续表

选址类型	选址类型（亚类）	村落	数量（个）	合计（个）
交通贸易	交通线路型	大屯村	1	1
精神信仰	神山影响型	中查村	1	4
	寺庙直接影响型	茸木达村、壤塘村、大录村	3	
农耕生产	平坝农耕型	下草地村、东北村	2	4
	山地农耕型	大寨村、苗州村	2	

安多藏族文化区农耕生产型村落较多，有4个。该类型村落部分选址于高山坡地，建筑沿等高线布局，耕地为梯田，但数量较少，如苗州村。部分村落位于河谷，河谷狭窄，建筑位于山脚，耕地在河谷平地，数量较少，如下草地村。

4. 康巴藏族文化区特征

康巴藏族文化区传统村落的选址人文成因有政治行政、军事安全、交通贸易、精神信仰和农耕生产，而选址类型分为8类。该地区农耕生产影响的村落最多，有11个，占地区总数的44%；精神信仰影响的村落选址也较多，7个；此外还有少量其他类型的村落（表4.18）。

康巴藏族文化区传统村落选址类型　　　　　　　表4.18

选址类型	选址类型（亚类）	村落	数量（个）	合计（个）
政治行政	土司官寨型	朱倭村	1	1
军事安全	自我防御型	色尔宫村、马色村	2	2
交通贸易	集市型	车马村、德西一村、德西二村、德西三村	4	4
精神信仰	神山影响型	亚丁村	1	7
	寺庙直接影响型	帮帮村、下比沙村、查卡村、修贡村	4	
	寺庙间接影响型	麻通村、仲堆村	2	

续表

选址类型	选址类型（亚类）	村落	数量（个）	合计（个）
农耕生产	平坝农耕型	边坝村、龚巴村、七湾村、然柳村、仲德村、古西村	6	11
	山地农耕型	八子斯热村、阿称村、子实村、子庚村、阿洛贡村	5	

（1）寺庙影响型

由于康巴藏族文化区内藏传佛教盛行，修建了大量寺庙，寺庙周围聚集了部分村民，形成了村庙结合的选址格局。康巴藏族文化区寺庙较大，村寺结合布置的村落规模也就相对较大。各村先后经历了3个主要发展阶段：①寺庙大多背山选址，新建于此；②寺庙开始扩展，修建佛堂和僧房，四周逐渐聚集民居；③寺庙和村落同时扩展，形成一个相对稳定和平衡的规模（图4.19）。

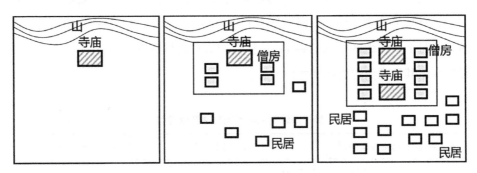

图4.19　康巴藏族文化区寺庙影响型村落演变模式

（2）农耕生产型

由于康巴藏族文化地区远离汉族聚居区，受商贸、军事等其他因素影响较少，是主要农牧业产区。白玉县和炉霍县等地区地势平坦，且河流众多，农牧发达，形成了大量的平坝农耕型村落，但白玉县的平坝农耕型村落聚集的人口较少、建筑布局分散；而炉霍县村落聚集的人口较多，建筑布局也比较紧凑；得荣

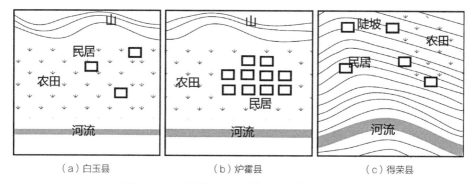

（a）白玉县　　　　　　　　（b）炉霍县　　　　　　　　（c）得荣县

图4.20　康巴藏族文化区农耕生产型村落选址模式

县则受地形限制，只能选址高山坡地，形成了大量山地农耕型村落选址，建筑数量少，布局较分散，有的成为分散小组团（图4.20）。

（3）集市型

理塘自古便是川西茶马古道上的重镇，从云南香格里拉经稻城前往巴塘地区进藏与由成都出发经雅安、康定前往巴塘地区进藏的两条茶马古道在理塘交汇，此地成为茶马贸易的重要集市，理塘逐渐演变成为一个川西高原上重大的集镇。

图4.21　康巴藏族文化区集市型村落选址

由于特殊的区位，理塘成为川西高原的经济文化中心。车马村和德西一、二、三村位于理塘县城内，受理塘的茶马贸易集市影响，逐渐形成和发展，成为集市型村落（图4.21）。村落满足贸易需要，形成了街巷式布局，靠近核心区的部分有少量商贸街道。

5．人文条件影响的选址分区比较

（1）羌族文化区处于汉藏中间地带，自我防御型村落较多。

羌族文化区处于汉族和藏族聚居区的中间，因此村落选址优先考虑防御因素。自我防御型村落在羌族文化区内占多数，7个，占地区总数的63.6%。此外，由于该地区是历史悠久的羌族单一民族聚居区，又是辐射和控制周边的核心区域，形成了一些政治行政类型的村落，如萝卜寨村——羌王国都城，行政中心型村落如联合村、较场村（表4.19）。

（2）嘉绒藏族文化区与汉羌交界，自我防御型村落较多。

嘉绒藏族文化区与汉羌交界，因此村落选址优先考虑防御因素。自我防御型村落11个，占地区总数的55%。嘉绒藏族文化区内土司遗址较多，特别是马尔康地区清朝时形成四大土司，土司官寨与村落结合设置，在马尔康市形成了多处土司官寨型村落，如直波村、西索村、孜兰村。此外，受寺庙和驻军的影响，寺庙直接影响型和屯兵型村落也是嘉绒藏族文化区的典型性选址。

（3）安多藏族文化区寺庙盛行，寺庙影响型村落较多。

安多藏族文化区处于川西地区北部，民族之间融合较好，防御性村落较少。地区受藏传佛教、神山崇拜等精神信仰影响较大，精神信仰影响的村落4个。该地区与汉族接壤，受汉族文化影响较大，村落多选址农耕条件较好的地区新建，村落人口较多，建筑集中布局。此外，该地区也是向北的重要文化线路通道，受民族迁移与民族融合影响，选址成因类型复杂，形成多种的选址类型。

（4）康巴藏族文化区农耕发达，受藏传佛教影响较大，农耕生产型和精神信仰型村落较多。

康巴藏族文化区处于川西西部,与汉羌两民族较远,防御性村落少。康巴藏族文化区地域辽阔、地势平坦、山体较小、河流平缓、气候适宜、便于耕种,因此区内多农耕型村落。白玉县和炉霍县由于河流尺度小,河谷宽阔,有大量优质耕地,形成大量平坝农耕型村落。得荣县受高山深谷的地形限制,村落只能建于高山之上,为确保生存,只能开垦大量梯田,形成山地农耕型村落。

此外,理塘县城作为古时茶马古道的集散、中转、交易之地,商品的交易需求极大,因此设立了专门的交易集市,在集市的基础上形成了集市型村落。同时,康巴藏族地区藏传佛教盛行,有较多大型寺庙,大量的民居在寺庙附近修建,形成寺庙影响型村落,也是康巴藏族文化区的典型选址特征。

川西地区传统村落人文影响的选址分区特征比较　　　表4.19

文化区	主要类型	特征	影响因素
羌族文化区	行政中心型都城型自我防御型街道贸易型	1. 选址类型共有4种; 2. 自我防御型占地区总数的63.6%; 3. 都城型、街道贸易型和行政中心型数量少,是特有的选址类型	1. 处于冲突核心区域,选址偏向防御性; 2. 受茶马古道的影响,在一些交通便利的河谷形成村落
嘉绒藏族文化区	自我防御型土司官寨型寺庙直接影响型屯兵型	1. 选址类型共有6种; 2. 自我防御型占地区总数的55%; 3. 土司官寨型是典型选址	1. 处于冲突区域,选址偏向防御性; 2. 土司制度管理,形成多处官寨型村落; 3. 寺庙对部分村落影响较大
安多藏族文化区	寺庙直接影响型农耕生产型	1. 选址类型共有8种; 2. 精神信仰型、农耕生产型村落各占地区总数的36.4%; 3. 屯兵型、神山影响型是特殊型	1. 受多重因素影响,类型丰富; 2. 受寺庙影响,有神山崇拜; 3. 选址在农耕条件较好处,建筑集中布局

文化区	主要类型	特征	影响因素
康巴藏族文化区	集市型 寺庙直接影响型 平坝农耕型 山地农耕型	1. 选址类型共有8种； 2. 精神信仰型占地区总数的35%、平坝农耕型占地区总数的24%、山地农耕型占地区总数的24%、集市型占地区总数的16%； 3. 集市型是特殊型； 4. 寺庙影响型是典型选址	1. 白玉县和炉霍县河谷宽阔，气候适宜便于耕作，多平坝河谷型； 2. 得荣县村落多选址高山陡坡处，开垦大量梯田，形成山地农耕型； 3. 茶马古道在理塘县集散和交易，形成了集市型村落； 4. 大型寺庙较多，影响大

4.2.3 人文条件影响选址类型比较

1. 政治行政型

政治行政选址类型中都城型和行政中心型数量较少，属于较特殊性选址。而土司官寨型5个，主要在嘉绒藏族文化区内的马尔康市内，有3个。土司官寨型村落一般是土司所管辖区域内的政治、经济中心，村落一般与官寨相离，保证官寨的安全，茶马古道经过官寨，带动了村落的发展。

2. 军事安全型

川西地区民族众多，形成了少量有军事机构、军事设施的屯兵型村落，如大城村、甘堡村，以及大量具有防御意识、防御格局完整、防御建筑及设施丰富的自我防御型村落。

自我防御型村落主要在羌族文化区和嘉绒藏族文化区内聚集分布，羌族文化区内自我防御型村落共有7个，主要分布在茂县和理县；嘉绒藏族文化区内自我防御型村落共有11个，主要分布在丹巴县和黑水县，其选址特征各有不同（表4.20）。

羌族文化区内的自我防御型村落主要选址在杂谷脑河河谷和高山坡地，背山而建，依托自然地形形成天然防御屏障，同时村落内一般会在制高点和村寨门口设碉楼，以供防御瞭望，建筑呈集聚状态的组团和团块式布局，整体防御性较强。

　　嘉绒藏族地区丹巴县的自我防御型村落主要选址在湍急宽大的河流两侧陡峭的山坡上，既免受洪水的侵扰又能利用宽大湍急的河流进行防御，村落一般呈散点分散状布局，同时村内设置有较多的碉楼以供防御瞭望，建筑之间互相呼应，具有一定的防御性。黑水县的自我防御性村落则是选址在河流交汇处，建筑布置在山脊上，退台布局易守难攻，同时村落呈集中团块布局与相邻的羌族相似，但无碉楼，利用村内错综复杂的巷道将整个村落联系成一个防御整体，在背后的山体上往往还会设置疏散通道，以供村落突发情况时安全撤离，村落整体防御性强。

川西地区自我防御型村落选址特征比较　　　　　表4.20

分布地区	理县、茂县	丹巴县	黑水县
文化区	羌族文化区	嘉绒藏族文化区	
村落数量（个）	7	11	
特征	1. 选址河谷或高山坡地； 2. 建筑集中布局，形成团块或紧凑的小组团，整体防御性强； 3. 设置碉楼，协同防御； 4. 石砌建筑	1. 选址在河谷两侧陡峭的山坡，地势险要； 2. 建筑散点布局； 3. 设置碉楼，协同防御； 4. 石砌建筑	1. 村落选址在河流交汇处，易守难攻； 2. 建筑靠山集中布局、层层退台，整体防御性强； 3. 村内有错综复杂的巷道； 4. 石砌建筑

3．交通贸易型

　　川西地区是成都与西藏、甘肃、青海等地的连接区，其中的茶马古道是重要的连接廊道，沿线形成了众多的交通贸易型村落。有的村茶马古道经过，是交通线路型村落，如大屯村、色尔古村。有的是街道贸易型村落，如老人村、较场村、西索村，以街道为核心，空间集聚，村落空间形态具有一定的相似性和联系性。有的村还受其他人文条件的影响，如西索村和较场村是政治行政型村落。有的村落所在地是多条茶马古道交会之地，古时设置重要的交易市场，人口聚集较多，在附近形成了村落，村落空间呈街巷布局，形成重要的集镇或城市，如理塘的车马村。

4. 精神信仰型

川西地区受藏传佛教影响较大，居民在村落选址、建造、生活中都体现了对神灵、神山的崇拜，形成了神山影响型选址村落和数量众多的寺庙影响型村落。寺庙影响型村落主要在安多藏族文化区和康巴藏族文化区内聚集分布，其特征各有不同。安多藏族文化区内寺庙影响型村落共有4个，主要分布在壤塘县；康巴藏族文化区内寺庙影响型村落共有6个，主要分布在白玉县（表4.21）。

安多藏族文化区内的寺庙影响型村落一般选址在河谷平坝处，地势平坦，土壤肥沃，村落距离河流较近，距离在50m以内。寺庙作为村落内重要的公共空间，民居建筑主要围绕着寺庙呈集中团块布局，空间布局形式一般为中心型和混合型，农田较多，分布在村落四周。

康巴藏族文化区内的寺庙影响型村落一般选址在河谷平坝处，地势相对平坦，土壤肥沃，村落距离河流较远，距离在150m左右，民居建筑紧邻寺庙，分散组团式布局，农田较少，分布在村落四周。

川西地区寺庙影响型村落选址特征比较　　　　　　表4.21

分布地区	壤塘县	白玉县
文化区	安多藏族文化区	康巴藏族文化区
村落数量（个）	4	6
特征	1. 村落选址在河谷平坝处，离河流较近，距离在50m以内； 2. 村落空间布局形式为中心型、混合型； 3. 民居建筑围绕寺庙集中团块布局，耕地分布在四周	1. 村落选址在河谷平坝处，离河流较远，距离在150m左右； 2. 空间布局形式为相邻型； 3. 民居建筑紧邻寺庙，分散组团式布局，农田分布在四周

5．农耕生产型

农耕生产是村落的基础因素，但由于部分地区对外联系较密切，农耕生产不是最主要的选址因素。只受农耕生产因素影响选址的村落共17个，其中安多藏族文化区的九寨沟县4个，康巴藏族区的炉霍县、白玉县、得荣县7个，其他地区6个。由于康巴藏族文化区远离汉族聚居区，受其他因素影响较少，是主要农牧业产区。白玉县和炉霍县村落选址在宽阔的河谷平坝处，地势平坦，临近河流，农田较多，形成平坝农耕型村落。其中，白玉县建筑较少布局分散，炉霍县建筑较多布局相对紧凑呈团块；得荣县村落选址在高山之上，地形陡峭，远离河流，村落呈分散组团状布局，农田较少，以梯田形式分布在村落下方，形成山地农耕型村落。九寨沟县的农耕生产型村落，多远离主要的交通线路，沿山或河谷分布，建筑靠山布置集中紧凑布局，农田较少，分布在村落四周（表4.22）。

川西地区农耕生产型村落选址特征比较　　　　表4.22

分布地区	九寨沟县	炉霍县	白玉县	得荣县
文化区	安多藏族文化区	康巴藏族文化区		
村落数量（个）	4	7		
特征	1. 远离主要的交通线路，沿山或河谷分布； 2. 农田较少，分布在村落四周； 3. 建筑靠山布置，集中紧凑	1. 河谷平坝处，地势平坦，临近河流； 2. 农田较多、平坝农耕型村落； 3. 建筑较多，布局相对紧凑，呈团块状	1. 河谷平坝处，地势平坦，临近河流； 2. 农田较多、平坝农耕型村落； 3. 建筑少且布局分散	1. 选址在高山之上，地形陡峭，远离河流； 2. 农田较少，梯田，山地农耕型村落； 3. 建筑少且布局分散

4.2.4 人文条件影响的选址谱系总结

1. 人文条件影响的选址谱系表

川西地区传统村落选址受人文条件影响较大，主要有5大类，13小类。其中政治行政因素影响最大，其次是交通商贸、军事安全、精神信仰，而农耕因素是最基础的选址人文因素，本书选取各村最重要的人文条件作为选址主要的因素。受军事安全影响的村落选址类型最多，有22个，占川西传统村落总数的32.8%，其中自我防御型村落20个，屯兵型村落2个。受农耕生产因素影响的选址类型村落数量其次，一共17个，占川西传统村落总数的25.4%，其中平坝农耕型村落9个，山地农耕型村落8个。受精神信仰因素影响的选址类型村落一共13个，占川西传统村落总数的19.4%，其中神山影响型村落2个，寺庙直接影响型村落9个，寺庙间接影响型村落2个。受政治行政因素影响的选址类型村落8个，占川西传统村落总数的11.9%，其中土司官寨型村落5个，行政中心型村落2个，都城型村落1个。受交通贸易因素影响的选址类型村落数量最少，一共7个，占川西传统村落总数的10.4%，其中街道贸易型村落1个，交通线路型村落2个，集市型村落4个（表4.23）。

川西地区传统村落人文条件影响的选址谱系表   表4.23

选址成因	选址成因 （亚类）	村落	数量 （个）	合计 （个）	占比
政治行政	土司官寨型	修卡村、西索村、直波村、尕兰村、朱倭村	5	8	11.9%
	行政中心型	较场村、联合村	2		
	都城型	萝卜寨村	1		
军事安全	屯兵型	大城村、甘堡村	2	22	32.8%
	自我防御型	色尔古村、大别窝村、西苏瓜子村、桃坪村、休溪村、沙吉村、增头村、小河坝村、四瓦村、牛尾村、阿尔村、莫洛村、齐鲁村、妖枯村、宋达村、克格依村、波色龙村、色尔宫村、马色村、加斯满村	20		

选址成因	选址成因 （亚类）	村落	数量 （个）	合计 （个）	占比
交通贸易	街道贸易型	老人村	1	7	10.4%
	交通线路型	色尔米村、大屯村	2		
	集市型	车马村、德西二村、德西三村、德西一村	4		
精神信仰	神山影响型	中查村、亚丁村	2	13	19.4%
	寺庙直接影响型	茸木达村、壤塘村、大录村、春口村、代基村、帮帮村、下比沙村、查卡村、修贡村	9		
	寺庙间接影响型	麻通村、仲堆村	2		
农耕生产	平坝农耕型	边坝村、龚巴村、七湾村、然柳村、仲德村、知木林村、下草地村、丛恩村、东北村	9	17	25.4%
	山地农耕型	大寨村、苗州村、八子斯热村、阿称村、子实村、子庚村、阿洛贡村、古西村	8		

2．人文条件影响的选址谱系图

将川西地区传统村落人文条件影响的选址类型与该村落的空间信息叠合，利用GIS进行类型重分类，形成川西地区传统村落人文条件影响的选址谱系图。

3．人文条件影响的选址谱系总体特征

（1）政治行政型村落较多，马尔康市形成特有的土司官寨型村落。

川西地区行政管理经历了部落、土司、中央王朝统一管理的过程，形成了较多政治行政型村，其中有羌王国的都城汶川县萝卜寨村，中央王朝的地区行政管理中心汶川县联合村、理县较场村。由于土司制度在川西地区存在时间较长，土司官寨成为地区行政中心，茶马古道经过此地也形成商贸节点，附近聚集村民形成村落，官寨保留完整，形成了多处土司官寨型村落，如朱倭村、直波村。

（2）军事安全型村落较多，羌族及嘉绒藏族文化区形成大量自我防御型村落。

川西地区是中央王朝与民族部落反复争夺的核心地带，同时，该区域多民族

聚居、空间交错，为争夺资源，该地区形成了大量军事安全型村落。

此外，在羌族文化区和嘉绒藏族文化区内的丹巴县和黑水县，是藏羌汉民族空间交界的区域，形成了大量的自我防御型村落。通常会将村落建于高山深谷之中，或是在村落修建碉楼寨门等防御性构筑物（图4.22a）。

（3）受茶马古道影响形成了一定数量的交通商贸型村落。

茶马古道在川西地区的历史中始终扮演着重要的角色，是物质和能量流动的通道，也影响了沿线的村落空间形态。受茶马古道的影响，在一些交通便利的地方，形成了村落，有的后来发展成城镇。由于茶马古道的经过，在一些交通便利、地势平坦的地方，聚集了村民形成村落，成为交通线路型村落，如大屯村。部分地区商品需要交易和集散，便沿着茶马古道逐渐发展成街道，进一步演变成村落，成为街道贸易型村落，如老人村。而在一些商品交易和集散需求较大的地区，需设有专用的交易集市，在集市的基础上，形成集市型村落，如理塘县车马村。

（4）受寺庙影响较大，白玉县和壤塘县形成大量寺庙影响型村落。

川西地区为民族聚居区，地区内的居民往往具有强烈的精神信仰，他们有自然崇拜，特别崇敬高大的山体，并称之为神山。村落选址往往也与神山相联系，村落会与神山相对，便于更好地膜拜神山，形成神山影响型村落，如中查村和亚丁村。

而藏族居民信仰藏传佛教，在川西地区建有大量的寺庙，信教的游牧群众为方便朝拜，在寺庙周边聚集，逐渐形成村落。在村落的发展中，寺庙成为村落中重要的公共空间，按照村落与寺庙的相对位置可以分为寺庙直接影响型和寺庙间接影响型，其中在白玉县和壤塘县寺庙直接影响型的村落较多。

（5）康巴藏族文化区农耕发达、外界影响较小，形成大量农耕型村落。

民以食为天，农耕是村落选址的基础因素，靠近汉族聚居区的安多、羌族和嘉绒地区由于文化交流和融合，多数村落多种文化条件共同影响选址，而康巴藏族文化部分地区远离汉族聚居区，受商贸、军事等其他因素影响较少，是主要农

（a）军事安全型选址村落空间分布示意图

（b）农耕生产型选址村落空间分布示意图

图4.22 川西地区传统村落人文条件影响的选址图谱总体特征

牧业产区，其选址成因只有农耕因素。白玉县、炉霍县部分地区地势平坦，气候适宜，便于生产居住。在一些靠近河流且土壤肥沃便于耕种的地方逐渐形成村落，形成平坝农耕型村落。而在得荣县，由于地形和大江大河的限制，村落只能选择营建在高山之上，在高山上为了生存，便沿着山体开垦出大量的梯田，形成山地农耕型村落（图4.22b）。

第5章 川西地区传统村落形态与结构图谱

5.1 传统村落形态图谱

5.1.1 传统村落形态分类

1. 传统村落形态测度方法

（1）村落边界测度

建筑物本身的外轮廓称为实边界，而相邻两个建筑物之间的距离称为虚边界，实边界与虚边界构成了村落的边界。该边界是为进行定量研究而确定的边界，不是实际存在的边界。参考相关研究，确定以100m、30m和7m作为虚边界可跨越的最大距离，以理县桃坪乡桃坪村为例，进行边界测度演示。

第一步，在村落原始地形CAD图的基础上，着重表现建筑物及围墙，建筑物表示外轮廓，忽略道路、山体、河流等环境要素，得到一张村落的建筑轮廓图。

第二步，以建筑轮廓线顶点为连接基点，按顺序连接各建筑，连接长度不超过100m，形成以100m为虚边界尺度的村落大边界图，超过100m的较独立的少量建筑不进行连接，不作为村落形态边界。连接长度不超过30m，形成以30m为虚边界尺度的村落中边界图。连接长度不超过7m，形成以7m为虚边界尺度的聚落小边界图。

第三步，将大、中、小三个层次的边界叠加在同一张图上，形成边界叠合图。可以发现三层边界从100m、30m到7m，村落面积逐渐变小，周长逐渐变大，边界轮廓逐渐复杂。其中，100m边界轮廓较为粗略，大致为矩形和圆形，30m边界轮廓能较为精确地表现村落的形态特征，7m边界轮廓较为琐碎，大致与30m边界轮廓的特征相似。

第四步，在边界叠合图外围形成一个矩形，即外接矩形，该矩形能完全将三个边界线包括在内，同时矩形的面积最小，也可称为最小矩形。测量该矩形的长轴值（长度值）a和短轴值（宽度值）b，形成该村落形态的基础数据。

（2）长宽比

长宽比λ，指村落边界形成的外接矩形的长轴值a与短轴值b的比值。该值能表示矩形的狭长程度，从而一定程度反映村落边界形态的狭长程度。该值越大表示形态越狭长，带状图形感越强。长宽比的主要作用是粗略区分团状村落和带状村落：$\lambda<2$，该村落是团状村落；$\lambda\geqslant2$，该村落是带状村落。而指状村落可以看作两种村落的复杂化，需要引入形状指数辅助判断。

（3）形状指数

形状指数在景观生态学中应用较多。结合村落形态来说，形状指数是指村落形态与参照图形（多为圆形、椭圆形、矩形和正多边形）之间的偏离程度，用村落形态的周长与等面积参照图形周长的比值S表示。形状指数可反映村落边界形态的凹凸程度，边缘越凹凸，形状指数越大，指状化就越明显。

椭圆的周长计算也包含了长宽比这一信息，所以将参照图形修正为同面积的椭圆，形状指数S计算即村落边界的周长P与该参照椭圆的周长P_0之比。形状指数的值约趋近于1，表示与参照图形越相似。经过相关研究论证：$S<2$，村落不具有指状村落特征；$S\geqslant2$，村落具有指状村落特征。

由于每个村落形成了大、中、小三个边界，会形成三个形状指数值$S_大$、$S_中$、$S_小$。边界能较好反映村落的空间形态，以$S_中$为主，权重较大，其余两个值需纳入，用于校核和修正，最终计算出村落的加权平均指数$S_{权均}$，参见浦欣成（2013）。

（4）综合测度方法

第一步，每个村落采用了100m、30m、7m形成了三层边界图形和外接矩形，先计算长宽比λ值，分步计算100m尺度的形状指数$S_大$、30m尺度的形状指数$S_中$、7m尺度的形状指数$S_小$，算出各村落的加权平均指数S。

第二步，参照相关研究成果，对村落形态类型进行判断：加权形状指数$S\geqslant2$，可以认定该村落形态为指状（表5.1）；若$S<2$，该村落形态类型还需进一步判断。

第三步，$S<2$时，须结合长宽比λ值进行判断：$\lambda\geqslant2$，村落形态为带状；$\lambda<2$，村落形态为团状。

川西地区传统村落空间形态分类标准　　　　　　表5.1

S值	λ值	村落类型
$S \geq 2$	—	指状村落
$S < 2$	$\lambda < 2$	团状村落
	$\lambda \geq 2$	带状村落

2. 传统村落形态类型

传统村落的形态类型根据其村落的集聚程度，可以分为集聚型和分散型两个大类。分散型村落由于缺乏闭合的村落边界图形，无法测算长宽比λ和形状指数S，根据村落建筑的聚集程度，可分为散点状和组团状。集聚型村落根据边界图形长宽比λ和形状指数S的测度值，可分为团状、带状和指状三种（表5.2）。

川西地区传统村落形态类型　　　　　　表5.2

类型名称	标准值		模式图	村落	特征
	λ	S			
散点状	—	—		 波色龙村	边界开放，建筑零散分布
组团状	—	—		 小河坝村	大分散，小聚集

续表

类型名称	标准值		模式图	村落	特征
	λ	S			
团状	<2	<2	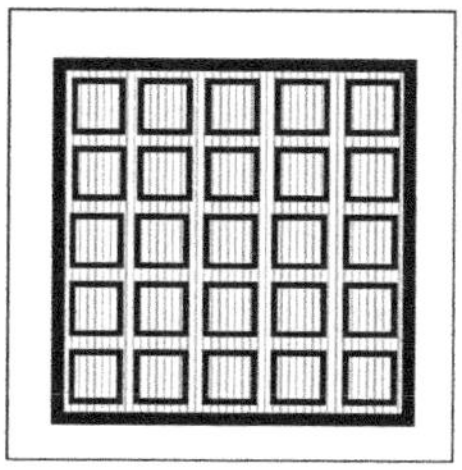	 桃坪村	建筑较多、布局紧凑
带状	≥2	<2		 联合村	受地形或街道影响，线性布局发展
指状	—	≥2	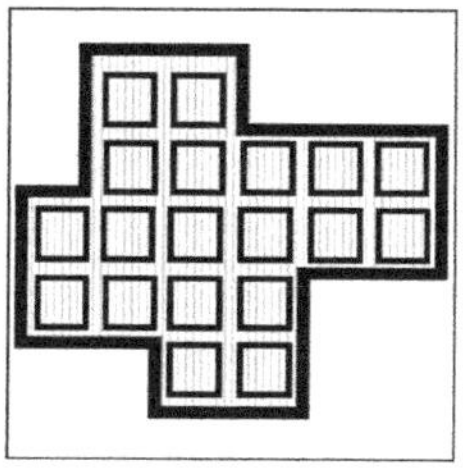	 萝卜寨村	村落形态多方向发展

（1）散点状

散点状村落在平面上表现为单栋建筑零散分布，建筑之间通过道路连接，由于缺乏聚落边界闭合图形，所以无长宽比和形状指数值。该类村落大多分布在地势陡峭的高山坡地，由于地形受限，村落空间布局松散，边界开放，耕地较为缺乏，分布在村落四周或分布在建筑之间。同时，由于建筑散布，相互之间关系疏离，内在凝聚力较弱，村落组织缺乏秩序或秩序相对混乱。

（2）组团状

组团状村落在平面上表现为村落存在多个建筑组团，组团之间通过道路连接，由于缺乏聚落边界闭合图形，所以无长宽比和形状指数值。该类村落常位于高山的缓坡处，由于平整土地较少且无序分布，建筑顺应耕地布局松散，四周为农田或森林，边界开放，受防御思路影响，几个建筑之间会形成小规模的集聚，整体上呈现"大分散，小集聚"的特点。与散点状村落不同的是，虽然组团状村落同样边界开放，整体相互关系较弱，但是小组团内部具有一定的凝聚力，这种凝聚力多源于同姓氏的宗族关系或防御需要。

（3）团状

团状村落的村落边界闭合图形多为矩形、圆形或不规则，形状指数$S<2$，长宽比$\lambda<2$，村落的发展无明确方向性。这种村落常位于地势较为平坦地区，建筑布局紧凑，集中分布形成一个聚居区。同时，由于四周外部环境基质较为均质，发展缺乏方向性，存在不均衡发展的可能性较小。在村落内部，由于存在宗族、血缘的纽带联系，或受外部侵扰较多，需加强整体防御性，往往具有较强的内部凝聚力，村落组织也存在一定的秩序。

当村落的均衡发展被打破，便会出现具有带状倾向的团状村落，这类村落的村落边界闭合图形多为长方形，形状指数$S<2$且长宽比$1.5\leqslant\lambda<2$。这种村落的形成是由于基础设施的建设或调整，多是由于新的道路或者公共设施建设，在原有村落的周围形成新的吸引力，村落的均衡发展被打破，开始朝新建设施的方向集聚。这是团状村落向带状村落的过渡阶段，也归类为团状。

（4）带状

带状村落的村落边界图形多为长方形或条带形，形状指数$S<2$，长宽比$\lambda\geqslant2$。该类村落通常沿某一线性要素展开，比如河流、道路、山脊线或等高线等，建筑沿这一线性要素紧密排布，村落内部联系通过线性要素组织，因而具有一定秩序。主要分为2类：①分布于河谷地区，地形相对平坦，受山体和河流挤压形成带状用地，村落沿河流分布，如知木林村、齐鲁村；②分布于高山坡地，

受地形或其他人文因素影响，形成沿山脊或沿等高线分布的村落，如帮帮村、大录村和修贡村。

（5）指状

指状村落的村落边界图形类似手指状，形状指数$S \geqslant 2$。该类村落多分布在河谷，受河流山体地形限制，村落只能朝多个方向突破发展，形成指状。也有村落位于平地，向多个方向延伸发展，形成指状。

5.1.2 传统村落形态分区比较

1. 羌族文化区特征

羌族文化区村落形态有团状、带状、指状和组团状4种类型，其中团状村落3个，带状村落4个，指状村落2个，组团状村落2个（表5.3）。由于其独特的地理位置，位于藏族、汉族的交界地带，不同民族之间常出现摩擦，羌族文化区的村落会格外考虑防御，多选址在易守难攻的高山或陡峭的坡地。村落多为聚集形态，团状、带状、指状共9个，占地区总数的81.8%，即使是组团状分布也是形成聚集状的小组团。

羌族文化区村落形态类型　　　　　　　　　　表5.3

形态类型	村落	数量（个）
团状	桃坪村、阿尔村、四瓦村	3
带状	老人村、联合村、较场村、休溪村	4
指状	萝卜寨村、牛尾村	2
组团状	增头村、小河坝村	2

从羌族文化区村落形态形成机制来看，由于受攻击的次数较多，会优先选择防御性最好的紧凑团状形态，但团状村落四面缺乏屏障，受攻击面仍然较多，不符合防御的要求，村落选址在背靠山体的平地之上，可以减少受攻击面。为增强

防御性，进一步减少被攻击面，村落会选择背靠山体面临河流的地区将受攻击面减到最小，最终形成了羌族文化区团状村落背山面水的理想模式（表5.4）。

羌族文化区村落形态形成机制　　　　　　　表5.4

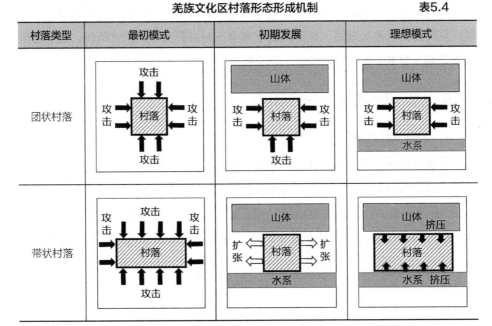

村落类型	最初模式	初期发展	理想模式
团状村落			
带状村落			

带状是被攻击面最长最大的形态，不是村落的理想形态。早期的带状村落其实多是背山面水的团状村落，但由于人口增加，村落开始向外扩张，位于河谷地带的团状村落拓展方向上受到山体与水系的挤压，只能向两侧带状扩张，形成带状形态。

（1）团状

羌族文化区团状村落长宽比λ为1.2～1.6，形状指数$S \leqslant 1.5$（表5.5）。该类型村落主要有以下显著特征：①多位于河谷地带，即河流与山体之间因相互挤压和冲刷而形成的平坦区域，靠山布置，建筑竖向垂直分布，布局紧凑，相互连通，集中成团状布局；②易受攻击，这类村落居民的防卫意识也较强，村落整体防御性较强，多选址在易守难攻之地；③传统血缘宗族关系明显，往往一个村一个姓或几个姓，村落的内在凝聚力强化了村落的内向性和防御性。

羌族文化区团状村落肌理对比 表5.5

村落名称	桃坪村	阿尔村	四瓦村
村落形态肌理			
长宽比 λ	1.2	1.6	1.47
形状指数 S	1.5	1.5	1.1

（2）带状

羌族文化区带状村落长宽比 $\lambda>2$，形状指数为 $S<1.5$（表5.6）。该类型村落主要有以下显著特征：①多位于河谷地带，但因河谷地段用地狭窄，呈现为沿河发展的带状；②位于重要贸易通道，人流集聚，形成街巷式布局，如老人村、联合村、较场村；③村落中心从形态上看并不明显，仅从形态上无法分辨村落中心。

羌族文化区带状村落肌理对比 表5.6

村落名称	老人村	联合村	较场村
村落形态肌理			

长宽比 λ	2.58	2.65	2.07
形状指数 S	1.47	1.06	1.24

（3）组团状

羌族文化区组团状村落要有以下显著特征：①由于位于高山坡地，受地形限制，村落呈小组团分布，但相对康巴藏族文化区，羌族文化区的组团规模更大，如增头村、小河坝村（表5.7）；②村落地域空间跨度较大，往往在1km左右，位于坡地还存在较大的高差；③村落缺少明确的中心，中心的凝聚力不强，虽然整体分散布置在山坡之上，但是出于防御性的考虑，单个组团内部建筑布置紧密，空隙较小，便于集中防御。

羌族文化区组团状村落肌理对比　　　　　　　　表5.7

村落名称	增头村	小河坝村
村落形态肌理		

2. 嘉绒藏族文化区特征

嘉绒藏族文化区村落形态有团状、带状、指状、组团状和散点状5种类型，其中散点状村落7个，占地区总数的35%，团状村落4个，带状村落3个，指状村落2个，组团状村落2个。该文化区由于位于藏汉羌交界地带，冲突不断，村落选

址具有明显防御性，或形成内部凝聚力较强的团状村落，强调聚集防御；或选址
在易守难攻的高山之上，形成散点状村落（表5.8）。

嘉绒藏族文化区村落形态类型　　　　　　表5.8

形态类型	典型村落	数量（个）
团状	西索村、西苏瓜子村、甘堡村、色尔古村	4
带状	知木林村、齐鲁村、直波村	3
指状	加斯满村、代基村	2
组团状	大别窝村、从恩村、色尔米村、春口村	4
散点状	莫洛村、波色龙村、妖枯村、宋达村、克格依村、尕兰村、沙吉村	7

　　嘉绒藏族文化区与羌文化区村落形成机制一样，由于嘉绒藏族文化区位于
藏汉羌交界地带，该文化区也是围绕防御性修建村落。但受到自然约束更大，

大面积平整土地较少，所以
该文化区村落多选在高山坡
地或台地之上，易守难攻防
御性强。靠近羌族地区的
黑水河流域村落多为紧凑布
局，被山水格局分隔成组团
状（图5.1a），各组团内部凝
聚力较强，建筑沿等高线聚
集，依山就势防御性强，建筑
距离河谷较远，河谷布置大量
农田，建筑到河谷的垂直距离
多为40m以上（图5.1b）。丹巴
县村落受地形条件限制，建筑

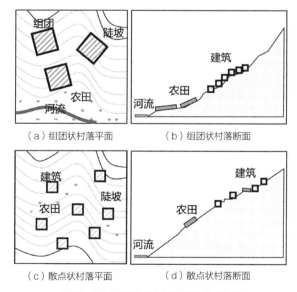

（a）组团状村落平面　　　　　（b）组团状村落断面

（c）散点状村落平面　　　　　（d）散点状村落断面

图5.1　嘉绒藏族文化区村落形态形成机制

只能分散布局，在河流较宽的两侧陡峭坡地选址，建筑多为散点状（图5.1c），村落距离河谷较远，村落建筑落差超过百米，农田分散（图5.1d），整体依靠地势防御。

（1）散点状

散点状村落在嘉绒藏族文化区的主要特征：①村落选址受地形条件制约，耕地面积有限，村落多沿等高线分散布置，建筑与建筑之间相互关系较弱，通过树枝状路网相连，如莫洛村、克格依村；②防御性是这一文化区的主要诉求，虽然村落形态相对分散，但由于海拔较高，地形陡峭并借助湍急的大渡河形成天然屏障，易守难攻，防御性较强（表5.9）。

嘉绒藏族文化区散点状村落肌理对比　　　　　　表5.9

类别	村落		
村落名称	莫洛村	妖枯村	宋达村
村落形态肌理			
村落名称	波色龙村	尕兰村	沙吉村
村落形态肌理			

（2）团状

嘉绒藏族文化区团状村落长宽比λ为1.1～1.8，形状指数$S<2$（表5.10），其中西苏瓜子村和甘堡村为典型团状村落，西索村和色尔古村开始有团状向

带状过渡的趋势。该类村落有以下典型特征：①与羌族接壤地区，防御性较强，靠近山地或河谷地区，团状聚集，但受地形限制，平坦用地规模有限，部分呈树枝状延展，如色尔古村，建筑集中位于河谷坡地，沿等高线展开，居高临下，防御性强；②这类村落中心明显，内向性显著，围绕官寨或重要建筑形成集聚团状，如西索村围绕土司官寨形成村落，承担行政、商贸、宗教等职能。

嘉绒藏族文化区团状村落肌理对比　　　　　　表5.10

村落	西索村	西苏瓜子村	色尔古村	甘堡村
村落形态肌理				
长宽比 λ	1.6	1.1	1.8	1.39
形状指数 S	1.6	1.75	1.1	1.41

3. 安多藏族文化区特征

安多藏族文化区村落形态有团状、带状和组团状3种类型。其中，团状村落最多共6个，占地区总数的54.5%；带状村落共3个；组团状村落共2个（表5.11）。

安多藏族文化区村落形态类型　　　　　　表5.11

形态类型	典型村落	数量（个）
团状	茸木达村、壤塘村、大城村、大屯村、苗州村、下草地村	6
带状	东北村、大录村、修卡村	3
组团状	中查村、大寨村	2

安多藏族文化区团状村落多选址高山坡地，平坦用地较少，村落人口规模较大，用地紧张，因此建筑布置紧凑，沿山脚山腰集中布局，将相对平坦的用地作为农田，满足村落的生活需求（图5.2a）。部分村落位于河谷平坝，建筑围绕寺庙集中布局，形成团状（图5.2b）。

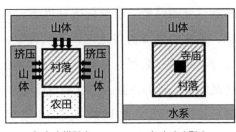

（a）农耕影响　　　（b）寺庙影响

图5.2　安多藏族文化区团状村落形成机制

安多藏族文化区团状村落长宽比λ多为1.1～1.7，形状指数$S<2$。除下草地村和苗州村为标准的团状村落，茸木达村和大屯村长宽比为1.5～2，开始有团状向带状过渡的趋势（表5.12）。该类型村落主要有以下特征：①部分位于河谷平坝地带，如茸木达村、壤塘村、大城村、大屯村，其中有的村落以寺庙为中心，围绕寺庙集聚形成村落，如茸木达村、壤塘村；②部分村落位于河谷坡地，靠近汉族区域，人口较多，用地紧张，为节约耕地，沿河流形成团状村落，但有带状发展趋势，如位于山地河谷的大城村、大屯村；③部分村落位于高山坡地，依山而建，三面环山，村落发展用地有限，为节约耕地，建筑沿等高线布局紧凑，空隙较小，如苗州村、下草地村。

安多藏族文化区团状村落肌理对比　　　　　　　　　　　　表5.12

村落名称	茸木达村	大屯村	下草地村	苗州村
村落形态肌理				
长宽比 λ	1.7	1.55	1.3	1.12
形状指数 S	1.35	1.88	1.96	1.88

4．康巴藏族文化区特征

康巴藏族文化区村落形态有团状、带状、组团状和散点状4种类型。其中，散点状村落8个，占地区总数的32%；团状村落共5个；带状村落共4个；组团状村落8个（表5.13）。

康巴藏族文化区村落形态类型　　　　　　　　　　表5.13

形态类型	典型村落	数量（个）
团状	德西一村、德西二村、德西三村、七湾村、然柳村	5
带状	帮帮村、修贡村、朱倭村、车马村	4
组团状	八子斯热村、阿称村、子庚村、阿洛贡村、子实村、下比沙村、查卡村、古西村	8
散点状	龚巴村、边坝村、麻通村、仲德村、色尔宫村、仲堆村、马色村、亚丁村	8

（1）散点状

康巴藏族文化区散点状村落的主要特征：①海拔较高，部分村落居民生产活动游牧与农耕相结合，建筑无院坝，如白玉县村落，部分地区村落建筑有土墙院坝，如乡城县、稻城县村落；②村落空间分布跨度较大，建筑散布，彼此之间通过道路连接；③村落缺乏较为明显的中心和秩序，建筑之间空隙较大，联系较弱，凝聚力不强（表5.14）。

康巴藏族文化区散点状村落肌理对比　　　　　　　表5.14

类型	村落			
村落	龚巴村	边坝村	麻通村	仲德村
村落形态肌理				

续表

类型	村落			
村落	亚丁村	马色村	仲堆村	色尔宫村
村落形态肌理				

（2）团状

康巴藏族文化区的团状村落长宽比λ为1.2～1.8，形状指数$S<1.5$（表5.15）。该类型村落主要特征：①部分村落位于地势平坦的高原平坝地区，集中居住，形成团状布局，建筑有院坝、围墙，但建筑间距较大，由于建筑数量较多，为松散的团状，如查卡村；②理塘县唐代为茶马互市重镇，车马村附近的老街（替然尼巴村）为当时的交易场所，人员来往较多，大量人口在附近修建房屋聚居安定下来。为便于贸易形成街巷布局，建筑布局紧凑，建筑之间空隙较少，为密集团状，如德西一村、德西二村、德西三村；③部分村落中心明显，多为寺庙，体现了居民对于神明的崇敬，寺庙规模均较大。

（3）组团状

康巴藏族文化区组团状村落均位于得荣县，村落海拔在3000m左右，选址于金沙江两岸的高山坡地，坡地上存在竖向冲沟，沿等高线的横向联系减弱。这类村落的主要特征：①由于受地形制约，可建设用地有限，村落在坡地上呈组团分布，单个组团户数少，一般紧邻耕地布置；②村落无明确中心，一个组团就是一个生活单元，建筑间联系松散，组团之间发展较均质。

康巴藏族文化区团状村落肌理对比　　　　　　　　　　表5.15

村落名称	七湾村	德西一村	德西二村	德西三村
村落形态肌理				
长宽比 λ	1.8	1.8	1.2	1.4
形状指数 S	1.1	1.1	1.4	1.1

5．传统村落形态分区比较

（1）羌族文化区防御性强，村落形态聚集度高，以团状和带状为主。

羌族文化区传统村落分布在汶川县、理县和茂县，处于藏、汉聚居区之间，防御性是该区村落的首要诉求，村落集聚布局，增强整体防御性。该区村落可以分为两种类型：①村落地处高山坡地，依山而建，出于军事及安全考虑，村落分布于不同高差台地上，小规模集聚，适应地形坡度；②村落地处山地河谷狭长地带，紧凑团状布局，增强防御性，受人口增长影响和自然山体、河流限制，逐渐带状发展（表5.16）。

（2）嘉绒藏族文化区村落形态复杂，以团状和散点状为主。

嘉绒藏族文化区传统村落分布于理县、黑水县、马尔康市和丹巴县，处于藏、汉、羌交界地带，冲突不断，因而村落选址具有明显防御性。该区村落也可分为两种类型：①村落位于河谷的坡地上，出于安全考虑，形成内部凝聚力较强的团状村落，多为靠山布局，较少有平地布局的团状形态；②村落选址在易守难攻的高山之上，利用河流宽度和陡峭的山体自然防御，选址坡地，既视野良好，又方便撤离，村落形态为散点状。

(3) 安多藏族文化区受人口规模影响，村落形态聚集度高，以团状为主。

安多藏族文化区传统村落分布于九寨沟县、壤塘县及松潘县，受汉族文化影响，集中居住，从事农耕生产，村落人口规模较大，用地紧张，因此建筑多布置紧凑，将相对平坦的用地作为农田，满足村落的生活需求，少量村落位于河谷平坝，建筑围绕寺庙团状布局。部分村落受地形条件影响，带状布局。少量村落组团状布局，但组团规模较大。

(4) 康巴藏族文化区地广人稀，聚集度低，村落形态以组团状、散点状为主。

康巴藏族文化区传统村落位于白玉县、乡城县、稻城县、得荣县和理塘县，这一区地广人稀，农耕对居民生产生活尤为重要，村落分散是该区的一大特点。该区村落分为两种类型：①位于高山之上，海拔较高，部分村落居民生产活动游牧与农耕相结合，村落空间跨度较大，建筑散布，缺乏较为明显的中心和秩序，建筑之间空隙较大，联系较弱，凝聚力不强；②位于得荣县，村落海拔在3000m左右，选址于金沙江两岸的高山坡地，坡地上存在竖向冲沟，沿等高线的横向联系弱，受地形制约，可建设用地有限，所以村落在坡地上组团分布，单个组团户数少，一般紧邻耕地布置。

川西地区传统村落形态分区特征　　　　　　　　　　　表5.16

文化区	主要类型	特征	影响因素
羌族文化区	团状、带状	1. 村落形态有团状、带状和组团状3种类型，均为聚集形态，部分组团状也是集聚的组团； 2. 团状村落3个、带状村落4个，共占地区总数的63.6%	1. 处于藏、汉聚居区之间，防御性是首要因素； 2. 选址高山，通过高差形成防御组团，选址河谷，形成聚集团状，并沿河流带状延伸
嘉绒藏族文化区	团状、散点状	1. 村落形态有团状、带状、指状、组团状和散点状5种类型； 2. 散点状村落7个，占地区总数35%，团状村落共4个	1. 河谷的村落，靠山布局，形成紧凑团状，增强防御性； 2. 出于安全防御考虑，选址陡峭坡地，以河道为天然防御屏障，建筑分散

续表

文化区	主要类型	特征	影响因素
安多藏族文化区	团状	1. 村落形态有团状、带状和组团状三种类型； 2. 团状村落6个，占地区总数54.5%，带状村落3个，组团状村落2个	1. 村落围绕寺庙团状布置； 2. 村落人口规模大，为节约用地压缩村落空间，形成紧密团状； 3. 少量村落受地形限制，形成带状和组团，但建筑均集中布局
康巴藏族文化区	散点状、组团状	1. 村落形态有团状、带状、组团状和散点状四种类型； 2. 散点状村落8个，占地区总数32%，组团状村落8个，占地区总数32%，团状村落6个	1. 受农耕生产影响，便于耕作和放牧，村落建筑分散，与农田有机结合； 2. 围绕寺庙、神山散布，村落多呈集中团状

5.1.3 传统村落形态类型比较

1. 团状

4个文化区均有团状村落，特征与成因各有不同。羌族文化区和康巴藏族文化区的团状村落长宽比λ全部小于等于1.5，无带状发展趋势；嘉绒藏族文化区和安多藏族文化区团状村落长宽比λ大于1.5小于2，有带状发展趋势（表5.17）。羌族和嘉绒藏族文化区团状村落，空间邻近特征相似，多在河谷地区，建筑集聚增强防御性，靠山或沿山退台布局，内部街巷复杂。安多藏族文化区和康巴藏族文化区团状村落多选址在平坝地区，建筑数量较多且集中布局，壤塘县的团状村落多围绕寺庙布局，理塘县的团状村落多围绕交易市场布局。

川西地区团状村落特征比较　　　　　　　　　　表5.17

主要分布	汶川县	黑水县	壤塘县、九寨沟县	炉霍、理塘县
文化区	羌族文化区	嘉绒藏族文化区	安多藏族文化区	康巴藏族文化区
村落数量（个）	3	4	6	6
形状指数S	1.2~1.6	1.1~1.8	1.5左右	1.2~1.8

续表

长宽比 λ	≤1.5	<2	<2	<1.5
特征	1. 河谷平坝地区； 2. 靠山布局紧凑，增强防御性； 3. 内部建筑垂直布局，街巷复杂、相互连通	1. 高山坡地或河谷地区； 2. 与羌族接壤，防御性较强，沿山退台布局，团状； 3. 村落中心明显，内向性显著	1. 河谷平坝地区； 2. 壤塘县村落围绕寺庙形成集聚团状； 3. 人口较多用地紧张，节约耕地，团状布局	1. 高原平坝地区； 2. 受贸易市场影响，形成街巷布局的团状； 3. 炉霍县村落建筑密集，但建筑间距大，松散的团状

2．带状

带状村落在4个文化区均有分布，羌族文化区沿重要街巷发展，嘉绒藏族文化区位于河谷地段沿河发展。安多藏族文化区和康巴藏族文化区沿等高线线性布局，但安多藏族文化区用地紧张，地形受限，村落空间不断压缩，为紧密带状；康巴藏族文化区地广人稀，建筑间距较大，为松散带状（表5.18）。

川西地区带状村落特征比较   表5.18

主要分布	汶川县、理县	丹巴县、马尔康市	九寨沟县	炉霍县
文化区	羌族文化区	嘉绒藏族文化区	安多藏族文化区	康巴藏族文化区
村落数量（个）	4	3	3	4
长宽比 λ	>2	>2	>2	>2
特征	1. 山地河谷地区； 2. 沿重要街巷即茶马古道发展，形成街巷式布局； 3. 边界封闭，增强防御性	1. 山地河谷或河谷坡地地区； 2. 沿河发展，河谷地段用地狭窄； 3. 村落集聚，增强防御性	1. 河谷坡地或山地河谷地区； 2. 耕地紧张，地形受限，村落沿河流、等高线带状集聚	1. 河谷坡地地区； 2. 除车马村外，均沿等高线线性布局； 3. 建筑间距大，松散

3. 组团状

羌族文化区及紧邻的黑水县组团状村落，均分布在高山，为增强防御性，多形成紧凑状布局的组团，空间上垂直分布。安多藏族文化区村落人口规模较大，受地形限制，形成分散组团，但组团规模较大。康巴藏族文化区的组团村落多分布在得荣县金沙江两岸，村落所处坡地坡度更大，难以大规模聚集，形成分散小组团（表5.19）。

川西地区组团状村落特征比较　　　　　　　　表5.19

主要分布	汶川县、茂县	黑水县、马尔康市	九寨沟县	得荣县
文化区	羌族文化区	嘉绒藏族文化区	安多藏族文化区	康巴藏族文化区
村落数量（个）	2	4	2	8
特征	1. 高山坡地地区； 2. 组团垂直分布、高差大，组团规模较大； 3. 提高防御性，单个组团布置紧密，集中防御	1. 高山坡地或河谷地区； 2. 河谷水平分布组团和垂直组团均有； 3. 黑水县提高防御性，坡地密集组团布局	1. 河谷坡地地区； 2. 建筑沿坡地集中，形成多组团； 3. 耕地梯田布局	1. 河谷坡地或河谷地区； 2. 组团垂直分布、高差大，组团规模小； 3. 村落无中心

4. 散点状

散点状村落全部集中在嘉绒藏族文化区和康巴藏族文化区，羌族和安多藏族文化区无散点状村落，由于这两个地区人口数量众多，村落的防御要求较高，需集中紧凑布局。嘉绒藏族文化区村落虽然防御要求也较高，但选址的河谷坡地坡度较大，建筑只能分散布局适应地形和农田环境。而康巴藏族文化区地广人稀，可供建设的土地较多，农耕与游牧结合，同时村落中心较少，基本上无防御性需求，建筑散点布置（表5.20）。

川西地区散点状村落特征比较 表5.20

主要分布	丹巴县	白玉县	乡城县、稻城县
文化区	嘉绒藏族文化区	康巴藏族文化区	康巴藏族文化区
村落数量（个）	7	3	5
特征	1. 河谷坡地； 2. 坡度陡，垂直空间散点布局，与散布农田结合； 3. 利用地形和碉楼增强防御性	1. 河谷地区； 2. 人口较少、耕地较多，建筑散点布局； 3. 无防御需求	1. 河谷地区； 2. 人口较少、耕地较多，建筑设置院落，散点布局； 3. 无防御需求，无中心

5.1.4　传统村落形态谱系总结

1．传统村落形态谱系表

川西地区传统村落形态多样，团状村落最多，指状村落最少。团状村落在川西地区18个，占总数的26.9%，主要分布在羌族文化区和安多藏族文化区；组团状村落在川西地区16个，占总数的23.8%，多分布在康巴藏族文化区和羌族文化区；散点状村落在川西地区15个，占总数的22.4%，多分布在康巴藏族文化区和嘉绒藏族文化区；带状村落在川西地区14个，约占总数的20.9%，主要分布在羌族文化区和嘉绒藏族文化区；指状村落在川西地区4个，约占总数的6%，多分布在嘉绒藏族文化区（表5.21）。

川西地区传统村落形态谱系表 表5.21

类型	村落	数量（个）	占比	主要分布
团状	桃坪村、阿尔村、四瓦村、西索村、西苏瓜子村、甘堡村、色尔古村、茸木达村、壤塘村、大城村、大屯村、苗州村、下草地村、德西一村、德西二村、德西三村、七湾村、然柳村	18	26.9%	安多藏族、羌族文化区

类型	村落	数量(个)	占比	主要分布
带状	老人村、联合村、较场村、休溪村、知木林村、齐鲁村、直波村、东北村、大录村、修卡村、帮帮村、修贡村、朱倭村、车马村	14	20.9%	羌族、嘉绒藏族文化区
指状	萝卜寨村、牛尾村、加斯满村、代基村	4	6%	嘉绒藏族文化区
组团状	增头村、小河坝村、大别窝村、从恩村、色尔米村、春口村、中查村、大寨村、八子斯热村、阿称村、子庚村、阿洛贡村、子实村、下比沙村、查卡村、古西村	16	23.8%	康巴藏族、羌族文化区
散点状	莫洛村、波色龙村、妖枯村、宋达村、克格依村、尕兰村、沙吉村、龚巴村、边坝村、麻通村、仲德村、色尔宫村、仲堆村、马色村、亚丁村	15	22.4%	康巴藏族、嘉绒藏族文化区

2. 传统村落形态谱系图

将川西地区传统村落形态类型与该村落的空间信息叠合，利用GIS进行类型重分类，形成川西地区传统村落形态谱系图。

3. 传统村落形态谱系总体特征

（1）川西地区聚集形态村落（团状、带状、指状），主要分布于317国道和213国道沿线地区。

聚集形态是川西地区的主要传统村落形态，在村落形态上表现为团状、带状和指状，共36个，其中35个村落分布于317国道和213国道沿线地区，占该类型总数的97.2%（图5.3a）。主要有以下原因：①国道沿线地区是各种古道和茶马古道经过的地区，商贸往来密切，人口在此处集聚；②沿线地区均为高山峡谷，用地紧张，所以村落空间挤压，呈聚集形态。

（2）川西地区分散形态村落（组团状、散点状），主要分布于白玉县、得荣县、乡城县和稻城县。

受地形和生活习惯影响，川西地区分散形态村落也较多，分散形态在村落形态上表现为组团状和散点状。川西地区分散形态村落（组团状、散点状）共31个，其中14个村落分布于白玉县、得荣县、乡城县和稻城县，占该类型总数的45.2%。由于该地区地处高原，地广人稀，远离商贸线路，人口难以大规模集聚，村落呈小组团或散点分布（图5.3b）。

（3）川西地区村落聚集和分散形态受自然地形和人口规模影响较大。

川西地区67个传统村落中，36个为聚集形态（团状、带状、指状），其中31个位于河谷，80.6%的村落人口规模在300人以上，可见村落人口规模较大，只能选址在平坦河谷地区集中式布局。同时，31个为分散形态（组团状、散点状），其中27个村落位于高山，61.3%的村落人口规模在300人以下，可见村落选址受地形条件限制，人口规模较小，村落分散布局。

（4）川西地区村落形态受自然地形和人口规模影响，分区差异较大。

羌族文化区村落位于河谷，人口规模大，呈聚集形态。9个聚集村落位于海拔938～2748m的低海拔地区，其中66.7%位于河谷，除休溪村和四瓦村外，人口规模均在300人以上。分散形态村落2个，均选址高山坡地，坡度30°以上。

嘉绒藏族文化区，聚集形态村落位于河谷，人口规模大；分散形态村落位于高山，人口规模小。聚集村落均位于河谷地带，人口规模均在300人以上；分散村落共11个，除丛恩村，其余村落均位于高山或坡地地形，其中54.5%的村落人口规模在300人以下。

安多藏族文化区，人口规模大，村落呈现聚集形态。有9个村落为聚集形态，占地区总数的81.8%，除茸木达村，人口规模均在300人以上。2个组团状的村落中查村和大寨村，各组团人口规模较大，村落虽然位于坡地但各组团也是明显的聚集布局。

康巴藏族文化区，海拔高，人口规模小，村落呈现分散形态。该地区传统村落25个，其中16个为分散形态，除仲堆村、查卡村和下比沙村外，其余13个村人口规模均在300人以下，海拔2350～4037m。

（a）聚集形态村落分布示意图

（b）分散形态村落分布示意图

图5.3　川西地区传统村落形态图谱总体特征

5.2 传统村落空间结构图谱

5.2.1 传统村落空间结构分类

1. 传统村落空间结构要素

（1）中心

川西地区村落规模较小，村落形成的中心往往体现一种秩序，能凝聚村落，中心越大凝聚作用越强，从而影响村落整体形态。村落中心的特征是凝聚力强，能够吸引人群集中或围绕中心集中修建房屋。受地形、规模等因素限制和影响，川西地区有中心村落较少，仅27个，占总数的40.3%，多集中在嘉绒藏族文化区；无中心村落40个，约占总数的59.7%，多集中在康巴藏族文化区（表5.22）。

川西地区村落中心数量   表5.22

村落中心	羌族文化区		嘉绒藏族文化区		安多藏族文化区		康巴藏族文化区	
	村落数量（个）	比例	村落数量（个）	比例	村落数量（个）	比例	村落数量（个）	比例
有中心	5	45.5%	10	50%	6	54.5%	6	24%
无中心	6	54.5%	10	50%	5	45.5%	19	76%
合计	11	100%	20	100%	11	100%	25	100%

中心是秩序的体现，汉族地区多以宗祠为中心，而川西地区受民族文化影响较大，中心类型主要分为3类：寺庙、行政建筑、碉楼。除朱倭村、桃坪村和萝卜寨村，绝大多数村落以单个中心为主（表5.23）。以寺庙为中心的村落有13个，主要集中在嘉绒藏族文化区，有的是受到藏传佛教的影响，在寺庙周围集聚形成村落，如春口村、代基村和壤塘村；有的村落的寺庙是在土司的影响下建立，如直波村、尕兰村。以行政建筑为中心的村落有10个，有的是土司

官寨的遗址，土司统治影响深远，村落内筑围绕土司住所布局，如修卡村、西索村和尕兰村；有的是在清代"改土归流"之后实行屯兵制的村落，屯兵衙署成为村落的集聚中心，方便屯兵及时操练出征，如甘堡村；还有的早在唐朝时就已经作为汉族将领同少数民族将领商议交流的场所，从而在周围形成集市，人流集聚，如较场村的筹边楼。碉楼在川西村落中分布较多，以防御功能为主，多分散布局，部分村落碉楼形式独特，布局集中，形成了明显以碉楼为功能中心、精神中心，将此类碉楼认定为中心，共有4个，主要分布在羌族文化区和嘉绒藏族文化区。

川西地区村落中心类型 　　　　　　　　　　　　表5.23

中心类型	典型村落	数量（个）
寺庙	茸木达村、壤塘村、色尔古村、大录村、色尔米村、春口村、代基村、萝卜寨村、帮帮村、下比沙村、查卡村、修贡村、直波村	13
碉楼	加斯满村、桃坪村、联合村、齐鲁村	4
行政建筑	西索村、尕兰村、朱倭村、修卡村、甘堡村、大城村、较场村、大屯村、老人村、车马村	10

（2）轴线

　　轴线是由建筑或其他构筑物通过排列、围合对空间进行限定，形成的空间秩序，给人以心理上的轴向感。轴线常与中心相并列，既可以是实际存在的路径，也可以是人们心理存在的空间序列，意味着村民在文化心理层面对轴线代表的精神文化的认同，也就成为聚落的内聚力，是最基本的秩序形态。川西地区少数民族村落轴线布局较少，多存在于少数民族与汉族融合村落或汉族村落。多以街巷道路为轴线，共有5个村落，有的是在茶马互市影响下，发展成商贸街道，人口集聚，建筑林立，从而街道形成集聚中心，如车马村、较场村；有的是由于屯兵驻军，村落内道路成为主要集聚点，从而围绕道路人口集聚，如大屯村、大城村。

（3）边界

边界指村落的领地范围，村民往往利用自然环境构筑人工或者半人工边界，抵御外部侵扰，形成村落与外部环境的清晰分隔，从而形成村落整体轮廓形态。在川西地区，传统村落边界包括封闭边界和开放边界两类。其中，封闭边界主要有两种类型：①人工边界，如人工建造的城墙、城门等，形成人工围合，如大城村；②半人工边界，自然环境形成天然隔断，如河流、高台、陡坡、悬崖等，在此基础上简单加固形成封闭边界，增强村落防御性，如甘堡村、萝卜寨村。开放性边界，主要指村落建筑自由布局，无明显规律，形成与自然环境的交错界面，与农田和自然环境有机融合。

2．传统村落空间结构类型

川西地区传统村落利用中心和轴线形成聚集核心，结合四周环境形成人工和自然边界，并形成4种传统村落空间结构类型（表5.24）：

（1）中心集聚封闭型

中心集聚封闭型村落是指具有一个或多个中心，中心具有特殊形态、特定功能的建筑和公共空间，建筑集中布局紧凑，村落空间与自然空间边界明显，且具有明显人为分隔或地形分隔。该类型村落在川西地区有11个，主要集中在羌族文化区和嘉绒藏族文化区，约占村落总数的16.4%。

（2）中心集聚开放型

中心集聚开放型村落是指具有一个或多个中心，村落空间与自然空间边界模糊，存在空间融合和空间交错。这类空间结构中心集聚，边界开放，中心一般为寺庙。对于这类村落来说，防御性已不再是唯一诉求，对神灵的敬畏和崇拜往往占据主导地位，所以这类村落开始向寺庙、神山集聚，但又和信仰中心保持一定距离，如壤塘村、春口村。该类型村落在川西地区有16个，主要集中在嘉绒藏族文化区，约占村落总数的23.8%。

（3）无中心集聚型

无中心集聚型是指村落无明显中心，但建筑集中布局，说明村落着重防御性和血缘纽带联系。村落虽然没有集聚中心，但是出于防御的考量，建筑相连，布局集中紧凑，形成封闭边界。因为血缘纽带，往往一个姓氏的人聚居在一起，便于生活照应和相互联系，形成农耕单元，共同抵抗自然灾害，适应农耕生产。该类型村落在川西地区有20个，主要集中在羌族文化区和康巴藏族文化区，约占村落总数的29.9%。

（4）无中心开放型

无中心开放型村落指无明显中心的村落，受人文因素较小，社会组织结构简单，建筑之间无明显组织秩序，建筑空间相互联系较弱，建筑布局自由松散。这类村落规模较小，结合农耕生产要素，适应环境聚居，同时边界开放，建筑物之间联系较弱，农田穿插其间。主要有两类情况：①由于地形受限，耕地稀少，村落缺乏集聚的大面积平地，经常在山地上散落分布；②位于河谷平坝和高原平坝地区，耕地较多，但人口较少，形成松散布局，便于放牧。该类型村落在川西地区有20个，主要集中在康巴藏族文化区和嘉绒藏族文化区，约占村落总数的29.9%。

川西地区传统村落空间结构类型　　　　　　　　　　　　表5.24

类型	模式图	典型村落	特征
中心集聚封闭型		甘堡村	中心集聚，利用自然环境和人工措施形成封闭边界
中心集聚开放型		色尔米村	中心集聚，四周多为农田、森林

续表

类型	模式图	典型村落		特征
无中心集聚型			大别窝村	无中心，建筑集聚、增强防御性
无中心开放型			妖姑村	建筑少，无中心散布，四周农田边界开放

5.2.2　传统村落空间结构分区比较

1. 羌族文化区特征

羌族文化区村落结构有中心集聚封闭型和无中心集聚型两种类型，其中中心集聚封闭型村落共5个，无中心集聚型村落共6个（表5.25）。由于位于藏、汉聚居区之间，这一地区的村落会格外考虑防御，多选址在易守难攻的高山或陡峭的坡地。该文化区的村落空间结构主要特征：①这一文化区的村落均表现出集聚的特性，这是由于防御要求，村落集聚能够通过强化内在凝聚力从而强化防御性；②部分村落中心明显，其他村落虽然没有明显中心，但仍旧有重要建筑作为集聚活动的场所；③边界清晰，村落借助高差、山体、河流等因素划分自然空间和村落空间，这种清晰的边界也是为村落防御服务，这种防御性也意味着边界封闭性。

羌族文化区村落结构类型　　　　表5.25

类型	村落	数量（个）
中心集聚封闭型	桃坪村、较场村、萝卜寨村、老人村、联合村	5
无中心集聚型	牛尾村、增头村、小河坝村、休溪村、阿尔村、四瓦村	6

（1）中心集聚封闭型

羌族文化区的中心集聚封闭型村落空间布局紧凑，防御性较强，有明显中心，封闭边界均为自然边界，通过高差等因素划分村落空间和自然空间。该文化区集聚中心分为2种：①以碉楼为中心，具有防御和精神象征作用，如桃坪村（图5.4）；②以街道为中心，以生活和贸易为主。

（2）无中心集聚型

该文化区的无中心集聚型村落，均地处高山坡地，平坦可利用土地较少，因而布局紧凑节约耕地，增强防御性，无明显中心。部分村落存在碉楼，但不是中心建筑之用，仅用于瞭望和防御，如休溪村（图5.5）、小河坝村、四瓦村、阿尔村和增头村。

图5.4　理县桃坪村空间结构

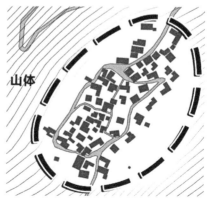

图5.5　理县休溪村空间结构

2. 嘉绒藏族文化区

嘉绒藏族文化区村落结构有中心集聚封闭型、中心集聚开放型、无中心集聚型和无中心开放型4种类型。其中，无中心开放型村落7个，占地区总数的35%；中心集聚封闭型村落4个；中心集聚开放型村落6个；无中心集聚型村落3个（表5.26）。

嘉绒藏族文化区村落结构类型 表5.26

类型	村落	数量(个)
中心集聚封闭型	甘堡村、西索村、直波村、色尔古	4
中心集聚开放型	加斯满村、尕兰村、春口村、代基村、色尔米村、齐鲁村	6
无中心集聚型	大别窝村、西苏瓜子村、知木林村、	3
无中心开放型	沙吉村、从恩村、莫洛村、妖枯村、宋达村、克格依村、波色龙村	7

该文化区的主要特征：①防御性是主要特征，嘉绒藏族文化区位于藏、汉、羌等多民族交界地带；②村落中心明显，文化区内村落中心多为土司官寨等重要建筑，村落公共建筑较多，有明显人流集聚的场所；③边界明显，多为封闭边界，通过高差、山体和水系将村落与外界分隔开来，强化了村落内在凝聚力，增强了村落的防御性；④部分村落选址河谷或者河谷坡地，空间上表现为散点布局，村落边界为开放式，自然边界包括农田和植被。

（1）中心集聚封闭型

该类型村落建筑集聚中心明显，多依托自然环境进行半人工处理形成封闭边界，村落集聚。马尔康地区村落空间结构以集聚为主，中心多为寺庙、官寨或重要建筑，边界封闭，如直波村（图5.6）。黑水、理县地区村落由于靠近羌族文化区，村落集聚，防御性较强，边界较为完整封闭。如甘堡村由于特殊的屯兵职能导致村落防御性较强，村落以守备衙署为中心，中心明显，通过高差形成台地以及山体和水系隔绝自然和村落空间形成封闭边界，具有较强的防御性。

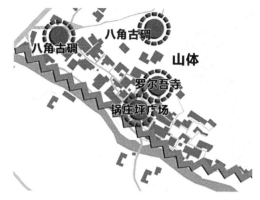

图5.6 马尔康市直波村空间结构

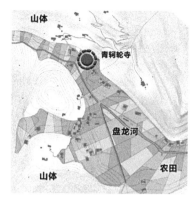

图5.7 马尔康市尕兰村空间结构

（2）中心集聚开放型

该类型村落有明显中心，村落多形成以寺庙、重要建筑为中心，但由于地处山地，民居建筑布局集聚与分散结合，建筑与四周农田有机结合，形成开放的边界和格局。如马尔康市的尕兰村，以青轲轮寺为中心，民居建筑围绕青轲轮寺散布，四周以农田为主形成开放边界（图5.7）。

（3）无中心开放型

该类型村落内部缺乏公共建筑，内在凝聚力较弱，村落松散无明显中心，边界自然开放。主要位于丹巴县，如宋达村（图5.8）、波色龙村（图5.9），选址于金沙江两侧河谷坡地，坡度较大，建筑只能沿等高线分散布局；在河谷平坦处开垦农田或在高山坡地开垦梯田，但数量较少且分散，以传统农耕生产为主结合少量放牧；坡地植被树木茂盛、环境优美，房前屋后种植大量果树，如苹果、李子、梨等；由于建筑数量较少，建筑空间关联性弱，整体呈无中心开放状态。

3．安多藏族文化区

安多藏族文化区村落结构有中心集聚封闭型、中心集聚开放型和无中心集聚型3种类型。其中，中心集聚封闭型村落1个，中心集聚开放型村落5个，无中心集聚型村落5个（表5.27）。这一文化区的村落以集聚型村落为主，受地形外部条件约束较大。该文化区的主要特征：①集聚同样是该文化区的主要特征，但是防

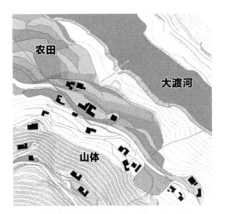

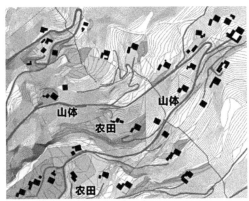

图5.8 丹巴县宋达村空间结构　　　　　　图5.9 丹巴县波色龙村空间结构图

安多藏族文化区村落结构类型　　　　　　　　　表5.27

类型	村落	数量（个）
中心集聚封闭型	大城村	1
中心集聚开放型	修卡村、茸木达村、壤塘村、大录村、大屯村	5
无中心集聚型	中查村、大寨村、苗州村、下草地村、东北村	5

御不再是唯一原因，该文化区部分村落出现受到外部条件制约而集聚的村落，如苗州村的集聚是因为受到山体条件制约，有限的用地使得建筑只能紧凑排布；②村落中心多为寺庙，这一文化区的寺庙影响力较大，是该村落形成的直接原因；③开放边界，均位于为以寺庙为中心的村落，四周形成农田、植被等开放边界，由于寺庙的影响力较大使得村落的规模不断变大，往来的人流不利于封闭边界的形成；④封闭边界为人工边界，仅有大城村为汉族村落，人工修筑的城墙和寨门划定村落空间与自然空间的边界，强调防御性。

（1）中心集聚封闭型

该类型村落中心明显，边界封闭，村落集聚。如大城村是唐代的屯兵村落，村内全部为汉族人，受汉族文化影响较大，形成街道轴线中心，四周设置城墙及寨门，形成封闭边界，增强防御性。

（2）中心集聚开放型

该类型村落中心明显，边界开放，村落集聚。中心围绕寺庙修筑，寺庙为村落的集聚中心，民居建筑在四周环绕集聚形成村落，这个集聚中心既是人们信仰的中心，又是集聚活动的场所。如大屯村中四方庙、五仙庙和观音庙，多个宗教建筑构成主轴线，四周建筑明显围绕中心和轴线集聚（图5.10）。

（3）无中心集聚型

该类型村落无明显中心，村落建筑集聚。村落受到外部地形条件约束较大，一般位于山体之间或山谷的地势平坦地区，面积相对较小，缺乏向外扩散的条件，为节约耕地，一再压缩村落空间，建筑沿等高线紧密布置层层退台，村落内部联系较强。如苗州村，周围的山体和水系构成了村落的边界，村落可发展方向较少，因为缺乏耕地，所以只能压缩村落空间，建筑布置紧凑，建筑之间空隙较小，少量平坦用地作为农田或菜地（图5.11）。

4．康巴藏族文化区

康巴藏族文化区村落结构有中心集聚封闭型、中心集聚开放型、无中心集

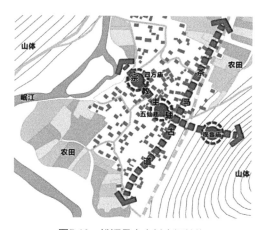

图5.10　松潘县大屯村空间结构

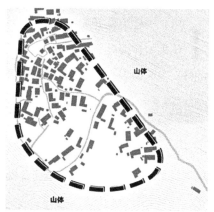

图5.11　九寨沟县苗州村空间结构

聚型和无中心开放型4种类型。其中，无中心开放型村落13个，占地区总数的52%；中心集聚封闭型村落1个；中心集聚开放型村落5个；无中心集聚型村落6个（表5.28）。

该文化区村落空间结构显著特征：①白玉县、得荣县大多村落布局松散，建筑间距较大，通过树枝状道路连接，且与地形结合紧密，村落空间跨度较大；炉霍县和理塘县村落多集聚布置，利用网络街巷组织建筑。②明显中心较少，无中心村落较多，村落内部缺乏公共建筑，村落的内在凝聚力较为薄弱，防御性不强。③村落大多处于高原平坝，建筑与农田交错布置，形成开放边界。

康巴藏族文化区村落结构类型　　　　　　　　表5.28

类型	村落	数量（个）
中心集聚封闭型	车马村	1
中心集聚开放型	帮帮村、下比沙村、查卡村、修贡村、朱倭村	5
无中心集聚型	古西村、七湾村、然柳村、德西一村、德西二村、德西三村	6
无中心开放型	边坝村、麻通村、龚巴村、亚丁村、仲堆村、八子斯热村、阿称村、子实村、子庚村、阿洛贡village、仲德村、色尔宫村、马色村	13

（1）中心集聚开放型

该类型村落具有明显中心，村落集聚，但边界开放。如白玉县下比沙村和帮帮村，中心明显，以寺庙为中心，村落围绕寺庙集聚，建筑与农田有机结合，边界开放。

（2）无中心集聚型

该类型村落主要分布在炉霍县和理塘县，村落无明显中心，建筑集中布局。理塘县的村落，依托县城和长青春科尔寺布置，形成街巷，建筑沿街巷密集布置。炉霍县村落受农耕因素影响，建筑相对集中，但建筑之间仍有一定距离，形成较松散的集聚，如七湾村、古西村（图5.12）。

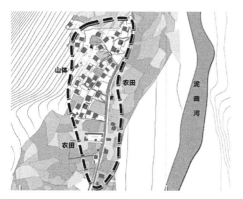

图5.12　炉霍县七湾村空间结构　　　　图5.13　乡城县马色村空间结构

（3）无中心开放型

该类型村落数量较多，主要分布在白玉县、得荣县、稻城县和乡城县，该区域村落受农耕条件制约，村民围绕农业资源居住，分布松散，有的位于河谷平坝，有的位于高山坡地，村内无重要公共建筑作为中心，建筑间是松散联系，村落与四周农田和山体环境融合，形成开放边界（图5.13）。

5．传统村落空间结构分区比较

（1）羌族文化区村落集聚，中心明显，边界封闭。

羌族文化区村落由于防御性的需求，全部表现出集聚的特性，通过强化内在凝聚力加强形态的整体性，从而强化防御性。部分村落中心明显，主要是碉楼和线性街道。为增强防御性，村落借助高差、山体、河流等因素划分自然空间和村落空间，形成封闭性边界（表5.29）。

（2）嘉绒藏族文化区部分村落中心明显、边界封闭，丹巴地区无中心边界开放。

嘉绒藏族文化区靠近羌族的黑水、马尔康、理县等地区村落，防御特征明显，空间集聚，边界封闭。集聚性村落13个，占地区总数65%。主要特征：①防御性是主要特征，嘉绒藏族文化区位于藏、汉、羌等多民族交界地带。②村落中心明显，中心多为土司官寨、寺庙等重要建筑，村落公共建筑较多，有明显人流集聚的场所。③边界明显，多为封闭边界，通过高差、山体和河流将村落与外界分隔开来，强化了村落内在凝聚力，增强了村落的防御性。④丹巴地区村落同样具有较强的防御性，但村落选址河谷坡地，空间上表现为散点布局，村落虽然有碉楼但不是村落生活活动的中心，村落边界为开放式的自然边界，如农田和植被。

（3）安多藏族文化区村落集聚，无明显中心，边界封闭。

安多藏族文化区全部为集聚性村落，防御要求低，村落人口较多需集中布置节约土地。有中心的村落6个，村落中心多为寺庙，这一文化区的寺庙影响力较大，是该村落形成的直接原因。由于地区防御性较弱，村落四周形成农田、植被等开放边界，仅有大城村人工修筑的城墙形成封闭边界，强调防御性。

（4）康巴藏族文化区村落分散，中心较少，边界开放。

康巴藏族文化区开放分散型村落较多，共13个，占地区总数的52%。无中心村落多，共19个，占地区总数的76%。主要特征：①白玉县和得荣县大多村落布局松散，炉霍县和理塘县村落多集聚布置，利用网络街巷组织建筑。②无中心村落较多，部分村落以寺庙为中心形成集聚。③无防御要求，边界多开放，建筑布置在农田中，形成开放边界。

川西地区传统村落空间结构分区特征　　　　　　　　表5.29

文化区	空间结构	聚集程度	中心	边界	影响因素
羌族文化区	中心集聚封闭型、无中心聚集型	由于防御要求，全部村落集聚布置	部分村中心明显，多为碉楼及场地，线性街道	边界明显，多为封闭边界，利用地形高差、山体、河流等	防御要求高
嘉绒藏族文化区	中心集聚封闭型、无中心开放型	村落集聚，防御性较强；丹巴县结构分散	中心明显，多为土司官寨等重要建筑；丹巴县无明显中心	边界明显，多为封闭边界，利用地形高差、山体、河流等；丹巴县自然开放边界	防御要求；行政管理需要

续表

文化区	空间结构	聚集程度	中心	边界	影响因素
安多藏族文化区	中心集聚开放型、无中心集聚型	人口规模较大，为节约土地，村落全部集聚布置	村落中心多为寺庙	大量开放边界，以农田、植被等为边界；少量人工封闭边界，如城墙	人口规模影响；寺庙影响
康巴藏族文化区	无中心开放型	村落大多建筑布局松散；少量村落在寺庙四周集聚	村落中心较少，内部缺乏公共建筑，防御性不高	边界多开放，村落多处于高原，用地较多，建筑、农田交叉	地广人稀；无防御要求

5.2.3　传统村落空间结构类型比较

1. 中心集聚封闭型

空间结构为中心集聚封闭型的村落是指具有明确中心，建筑集中布局紧凑、边界明显的形态。目前该类型集中分布在羌族和嘉绒藏族文化区，共10个，占该类型的83.3%，其他地区有少量分布。10个村落集中分布在汶川县、理县、马尔康市，全部为羌族和嘉绒藏族，位于317国道沿线，历史上该区域为争夺资源的重要区域，加之高山河谷地形条件限制，空间布局紧凑，结构中心从防御性中心向行政中心、商贸中心转变。其余地区有少量因为街道贸易和军事防御等特殊原因形成的中心集聚封闭型（表5.30）。

川西地区中心集聚封闭型村落特征比较　　　　表5.30

主要分布	汶川县、理县	马尔康市	九寨沟县	理塘县
文化区	羌族文化区	嘉绒藏族文化区	安多藏族文化区	康巴藏族文化区
村落数量（个）	5	5	1	1
地理位置	河谷	河谷	河谷	高原平坝
聚集程度	村落集聚	村落集聚	村落集聚	村落集聚

中心	街道、碉楼	寺庙、官寨、军事	街道	街道
边界	封闭边界； 自然边界	封闭边界； 自然边界	城墙、封闭边界； 人工边界	封闭边界； 人工边界
成因	防御性强；茶马古道经过，贸易街道	防御性强；军事堡寨	汉族村落，军事影响	茶马古道经过，贸易街道

2．中心集聚开放型

中心集聚开放型村落是指有中心，但边界较模糊或边界开放。此类村落共16个，分布在嘉绒、安多和康巴藏族文化区，羌族文化区无此类型。此类型均位于河谷地区，多数村落以寺庙为中心集聚，同时由于所处地区防御要求不高，而村落周边农田较多，村落边界与农田和自然有机融合，形成开放边界。在马尔康市形成了少量以官寨和重要碉楼为中心的村落，村落仍以农田、植被等自然边界为主（表5.31）。

川西地区中心集聚开放型村落特征比较　　　　　　表5.31

主要分布	马尔康市	壤塘县	白玉、炉霍县
文化区	嘉绒藏族文化区	安多藏族文化区	康巴藏族文化区
村落数量（个）	6	5	5
地理位置	河谷地带	河谷地带	河谷地带
聚集程度	村落集聚	村落集聚	村落集聚
中心	寺庙、官寨、重要碉楼	寺庙	寺庙
边界	开放边界	开放边界	开放边界
成因	宗教信仰，重要建筑，空间集聚； 防御性弱； 农田、森林环绕	宗教信仰，空间集聚； 防御性弱； 农田较多，四周布置	宗教信仰，空间集聚； 防御性弱； 农田较多，四周布置

3．无中心集聚型

无中心集聚型是指村落无明显中心，但建筑集中布局，该类型村落在川西地区共20个，占总数的29.9%。其中，羌族和嘉绒文化区的村落，布局形态相似，均位于高山坡地，村落为加强防御性集中布局，但村落无明显的公共中心。安多藏族文化区的村落则选址于地势平坦地区，虽然防御要求降低但村落人口较多，为节约耕地，村落最为紧凑。康巴藏族文化区的村落选址于平坦地区，无防御要求，理塘县受集贸市场影响，建筑沿街巷布局，炉霍县村落集中布局，但建筑间距较大为松散集聚（表5.32）。

川西地区无中心集聚型村落特征比较　　　　　　　　　表5.32

主要分布	茂县、理县	黑水县	九寨沟县	理塘、炉霍县
文化区	羌族文化区	嘉绒藏族文化区	安多藏族文化区	康巴藏族文化区
村落数量（个）	6	3	5	6
地理位置	高山坡地	高山坡地	河谷或山地平地	高原或河谷平坝
聚集程度	村落集聚	村落集聚	村落集聚	村落集聚
中心	无明显中心	无明显中心	无明显中心	无明显中心
边界	封闭边界；自然边界	封闭边界；自然边界	封闭边界；自然边界	人工边界，街道；自然边界
成因	防御要求高，坡地集聚布局；无明显中心	与羌族紧邻，防御要求高，坡地集聚布局	人口规模大，村落平地集聚布局；防御要求低	村落平地集聚布局，建筑间距大；防御要求低

4．无中心开放型

无中心开放型村落受传统农耕生产影响形成，无明显中心，内在凝聚力较弱，人口较少，分散布局。该类型共20个，占总数的29.9%，分布较集中。嘉绒

藏族文化区此类型集中分布于丹巴县，有防御要求的分布在陡峭的河谷坡地，建
筑分散，四周为植被和少量梯田，形成开放边界。康巴藏族文化区此类型一部分
分布在得荣县，该区域是高山陡坡，建筑分散，四周为梯田，形成开放边界；另
一部分集中于稻城县和乡城县，地势平坦，建筑较少，分散布局，四周为农田，
形成开放边界（表5.33）。

川西地区无中心开放型村落特征比较   表5.33

主要分布	丹巴县	得荣县	乡城县、稻城县
文化区	嘉绒藏族文化区	康巴藏族文化区	
村落数量(个)	7	13	
地理位置	河谷坡地	河谷坡地	河谷平坝
聚集程度	村落松散	村落松散	村落松散
中心	无明显中心	无明显中心	无明显中心
边界	开放边界；植被、少量梯田	开放边界；少量梯田	开放边界；农田
成因	围绕农耕条件聚居；地形受限，分散布局；与植被和梯田融合；有防御要求	围绕农耕条件聚居；地形受限，人口少，分散布局；植被少，与梯田融合	围绕农耕条件聚居；人口少，分散布局；植被少，与农田融合

5.2.4 传统村落空间结构谱系总结

1. 传统村落空间结构谱系表

川西地区传统村落空间结构可分为中心集聚封闭型、中心集聚开放型、无
中心集聚型、无中心开放型4种。其中，中心集聚封闭型共11个，约占总数的
16.4%，主要分布在羌族和嘉绒藏族文化区；中心集聚开放型村落共16个，约占

总数的23.9%，主要分布在嘉绒藏族文化区和安多藏族文化区；无中心集聚型村落共20个，约占总数的29.9%，多分布在羌族和康巴藏族文化区；无中心开放型村落共20个，约占总数的29.9%，多分布在嘉绒藏族文化区和康巴藏族文化区（表5.34）。

川西地区传统村落空间结构谱系表

表5.34

类型	村落	数量（个）	占比	主要分布
中心集聚封闭型	甘堡村、西索村、直波村、色尔古村、大城村、桃坪村、较场村、萝卜寨村、老人村、联合村、车马村	11	16%	羌族、嘉绒藏族文化区
中心集聚开放型	加斯满村、尕兰村、春口村、代基村、色尔米村、修卡村、茸木达村、壤塘村、大录村、大屯村、帮帮村、下比沙村、齐鲁村、查卡村、修贡村、朱倭村	16	24%	嘉绒藏族、安多藏族文化区
无中心集聚型	大别窝村、西苏瓜子村、知木林村、中查村、大寨村、苗州村、下草地村、东北村、休溪村、增头村、小河坝村、四瓦村、牛尾村、阿尔村、德西二村、德西三村、德西一村、古西村、七湾村、然柳村	20	30%	羌族、康巴藏族文化区
无中心开放型	沙吉村、从恩村、莫洛村、妖枯村、宋达村、克格依村、边坝村、麻通村、龚巴村、波色龙村、亚丁村、仲堆村、八子斯热村、阿称村、子实村、子庚村、阿洛贡村、仲德村、色尔宫村、马色村	20	30%	嘉绒藏族、康巴藏族文化区

2. 传统村落空间结构谱系图

将川西地区传统村落空间结构类型与该村落的空间信息叠合，利用GIS进行类型重分类，形成川西地区传统村落空间结构谱系图（图5.14）。

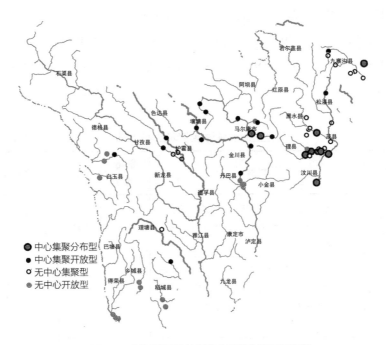

图5.14　川西地区传统村落空间结构谱系示意图

3．传统村落空间结构图谱总体特征

（1）川西地区传统村落有中心的较少、无中心的较多。

川西地区传统村落有中心的较少，共27个，占总数的40.3%；无中心的村落较多，40个，占总数的59.7%。从空间分布来看，有中心的村落集中分布在317国道沿线，共21个，占有中心村落的77.8%（图5.15）。中心型村落一般具有以下共性特征：①村落均为集聚型，内部联系紧密，结构紧凑，向心性较强；②村落中心明确，多为公共建筑，如官寨、寺庙及重要碉楼，既是功能中心、活动中心也是精神中心；③村落边界清晰，由于紧凑布局，多为封闭边界。

（2）川西地区传统村落空间结构集聚的多，分散开放的少。

川西地区村落空间结构集聚的较多，共47个，占总数的70.1%，从空间分布来看多集中在川西地区东部和中部（图5.16）。主要原因：①该区域为多民族地

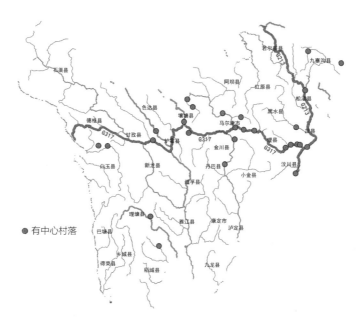

图5.15　川西地区有中心村落分布示意图

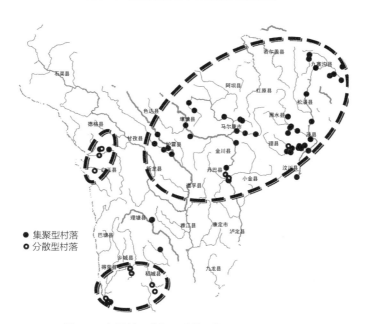

图5.16　川西地区集聚和分散开放村落分布示意图

区，集聚布局可增强防御性；②受汉民族影响较大，集中居住；③该地区村落规模较大，集中布置可节约耕地面积；④该地区是高山峡谷地区，可建设用地少，需集聚布局。分散开放的村落较少，共20个，占总数的29.9%，从空间分布来看主要集中在川西地区的西部和南部，即白玉县、得荣县、稻城县和乡城县等地区。主要原因：①该区域村落以农耕为主，受农耕思想影响较大，村落内部缺乏公共建筑，向心性较弱，村落内部组织缺乏秩序性，建筑分散布局；②该区域气候环境较差，人口较少，村落人少耕地面积较大，为满足农耕和放牧需要，分散开放布局；③该区域外部干扰较少，防御要求较低，村落以自然边界为主。

（3）川西地区传统村落自然边界多，人工边界少。

川西地区传统村落以自然边界为主，与自然有机结合，农田水系四周环绕，森林、植被穿插其中。少量村落由于防御需要，形成了人工的封闭边界，但多是利用地形高差形成堡坎，或沿河流、沟谷等地势险要之处密集布置建筑，较少形成如城墙、城门等纯人工构筑物和边界。

第6章 川西地区传统村落空间构成及组织图谱

村落公共空间主要指建筑聚集范围内，除建筑的外部区域，它是居民日常生活及相互联系的主要场地，是人们交往与活动的地方。本书重点研究川西地区点状的公共空间和线状的街巷空间，分析其构成、组织类型、组织特征等内容，生产空间及生态空间不纳入研究。

6.1 公共空间构成及组织图谱

6.1.1 公共空间构成及组织分类

1. 公共空间构成

公共空间，是公共属性的空间，主要指村落内用于公共活动、公共仪式、公共交往的建筑及场地，川西地区的公共空间主要分为以下4种类型：

（1）重要建筑

传统村落中常会修建一定数量的公共建筑，这些建筑在村落中承担着特定的功能或者传达着某种特定含义，并在村落中具有独特的空间形式，形成一种象征。伴随着长期的村民生活，这些建筑已然成为人们日常活动及举行仪式的重要空间，承载着整个村落的信仰，记录着村落的兴衰演变。因此，将此类重要建筑纳入公共空间进行研究（表6.1）。

川西地区传统村落重要建筑类型　　　　　　　　　　表6.1

类型	特征	示意	
寺庙	大型寺院：规模较大，年代久远，有较高知名度的寺院；功能齐全。主要包含：供奉佛像的殿堂，经院建筑如扎仓、辩经房等，以及僧众居住的僧房等建筑		壤塘村藏哇寺
	村属寺庙：随着村落的发展而兴起的小型寺庙，以单座大殿为主，规模较小，功能单一		色尔米村村属寺庙

续表

类型	特征	示意	
寺庙	汉族寺庙：受汉族文化影响，逐渐产生了汉传佛教寺院		大屯村观音庙
碉楼	碉楼：主要起保护村落、抵御外敌的防御性作用，是一个村落的视觉焦点和精神象征		莫洛村碉楼
转经房	转经长廊：依托寺庙建筑外墙形成的线状的转经长廊，独立于寺院之外，又与寺院相联系		德西一村转经长廊
	转经廊桥：村民因地制宜在桥上设置转经筒，将交通功能与宗教信仰结合		西索村转经廊桥
	转经房：单栋建的独立转经房，房内拥有大型转经筒和交流空间		仲堆村转经房
其他	土司官寨、羌王府、筹边楼、守备衙署、万年台等重要建筑		西索村土司官寨

（2）广场

广场是一种开敞的公共空间，四周的人可以到该空间内活动，并进行交流和互动。部分广场空间由于位置的重要性和特殊性，具有一定的象征意义，成为仪式性空间。与城市广场不同，村落广场空间指分布在村寨入口、道路与街巷交接处或重要公共建筑前的空地，是一个功能复合的点状公共空间。

川西传统村落广场主要分为历史性广场、集散广场和活动性广场。历史性广场通常指历史遗留下来的，具有一定历史意义的空地或在历史阶段上拥有

<table>
<tr><td>图6.1 理县甘堡村屯兵广场</td><td>图6.2 马尔康西索村锅庄广场</td></tr>
</table>

重大功能作用的场所,例如甘堡村的屯兵广场(图6.1)。集散广场多指村寨入口处或街巷交会处所形成的空地,起着集散人流的作用。活动性广场通常指满足人们日常生活和特殊活动需求的场所,在节庆日或集会的日子,人们用来集会、竞技、看戏,平时人们在此处休憩闲谈、娱乐嬉戏。如西索村的锅庄广场(图6.2),每逢藏历年村民在此地舞狮子、喝咂酒、玩花灯、跳锅庄等,尤为热闹。

　　川西地区传统村落中,有广场的村落数量为26个,其中西苏瓜子村、大城村、萝卜寨村等有多种类型的广场。受当地风土民俗的影响,有活动性广场的村落较多(表6.2)。

川西地区传统村落广场类型　　　　　　　　表6.2

类型	村名	村落数量
历史性广场	壤塘村、甘堡村	2
集散广场	茸木达村、下草地村、东北村、桃坪村、萝卜寨村、大屯村、子实村、西苏瓜子村、子庚村、壤塘村、大城村	11
活动性广场	色尔古村、西苏瓜子村、中查村、下草地村、春口村、四瓦村、老人村、帮帮村、亚丁村、仲堆村、子庚村、然柳村、萝卜寨村、休溪村、沙吉村、西索村、仲德村、大城村	18

从文化分区来看，广场分布较为均衡。羌文化区和嘉绒藏族文化区各有6个村落有广场，安多藏族文化区和康巴藏族文化区各有7个村落有广场。

（3）古树

川西地区多数传统村落海拔较高，环境恶劣，植被较少，村落中古树极为稀缺，保护古树也体现了当地村民对于大自然的敬仰与崇拜，古树空间在村落中有着重要的意义。百年古树被认为是守护神，在其周边设立平台、广场或者是祭祀台，每逢节庆或重大集会，村民们聚集此地，或载歌载舞，或祭祀祈福，以求庇佑。

川西地区各文化分区中，约40个村落有古树存在。其中，嘉绒藏族文化区有古树的村落最多，共15个；康巴藏族文化区共12个；安多藏族文化区和羌族文化区最少，分别为7处和6处。

（4）其他

1）构筑物

标志性构筑物周边也逐渐成为村民们的活动场所，如牌坊、寨门。牌坊多为礼制建筑，主要位于重要建筑或村落入口处，成为入口标志和重要的节点公共空间，如九寨沟县大城村、汶川县老人村入口牌坊（图6.3）。寨门具有一定的防御性和标志性，限定了重要公共空间，目前也是村落景观重要的组成，如汶川县萝卜寨村寨门（图6.4）。

图6.3　汶川县老人村牌坊

图6.4　汶川县萝卜寨村寨门

宗教构筑物是宗教的重要空间节点，也成为居民日常生活的重要组成部分，主要有白塔，如白玉县边坝村、马尔康县直波村，玛尼堆如丹巴县波色龙村、壤塘县壤塘村，以及部分分散状的转经筒。

生产生活设施在满足村民们日常生产需求的同时，也是村民们闲话家常、孩童们嬉戏玩耍的重要场所。主要有磨坊（如黑水县知木林村、乡城县仲德村，图6.5）、古井（如丹巴县莫洛村、九寨沟县大寨村，图6.6）、古桥（如九寨沟县大录村、东北村）。

图6.5　乡城县仲德村水磨　　　　　　　　图6.6　九寨沟县大寨村古井

2）重要场地

受宗教等因素的影响，在传统村落中会预留一些闲置的空地，主要用于人们的一些日常集会或宗教活动。这些场地是重要的生活性空间或集散场地，当地人称为"草坝子"或者"耍坝子"。

壤塘村的"草坝子"位于村落地势平坦的低处，是由主要道路和河流围合而成的一块空地，十分宽敞（图6.7）。周边有树木环绕，环境优美。"草坝子"四周小路与村落相连，可到达性和进入性较好。重要节日时，"草坝子"是居民集会和寺庙宗教活动的场地，日常生活中它也是儿童嬉戏、临时停车的场所。

马尔康市党坝乡尕兰村的"草坝子"在每年阴历五月初四的赏花节，村民会提前在上面搭起帐篷，赛马摔跤，煮上酥油茶，端上青稞酒，载歌载舞，庆祝全村最重要的节日。热闹非凡"草坝子"是全村活动中心，承载了全村的欢声笑语，也记录了一代代人的喜怒哀乐，成为重要的精神和文化场地（图6.8）。

图6.7　壤塘乡壤塘村草坝子

图6.8　党坝乡尕兰村草坝子

2. 公共空间组织类型

　　受河流、地形等自然因素或宗教、商贸等人文因素的影响，川西地区传统村落有着截然不同的聚落形态，而公共空间的布局方式则与聚落的形态特征相适应，呈现不同的组织形式，可以分为中心轴线式、街道串联式、分散式、放射式和网络式5种类型（表6.3）。

川西地区公共空间组织类型 表6.3

组织形式	特征	模式图	典型村落	
中心轴线式	一条或多条线性轴，串联重要点状公共空间			大城村
街道串联式	主要街道串联点状公共空间			老人村
分散式	公共空间在村落中分散布局			克格依村

续表

组织形式	特征	模式图		典型村落
放射式	村落中心向四周放射布局			壤塘村
网络式	网络街巷连接各点状公共空间			萝卜寨村

（1）中心轴线式

村落在自身的发展与演变过程中，以某种特征或者特定活动形成一条或若干轴线，该轴线可以是显性的，也可能是隐性的。轴线串联并组织各重要的公共空间节点，如大城村、大屯村。

（2）街道串联式

受商贸或交通的影响，村落形成主要街道，各个公共空间分布在主要街道两侧呈线性分布。街道是线性通道，各公共空间又为街道提供了交通转换和活动的节点，如老人村、较场村。

（3）分散式

在聚落形态相对分散的村落中，由于公共空间数量较少，加之聚落形态分散，形成相对散乱的分散式布局，如克格依村、莫洛村。

（4）放射式

以村落中部公共空间为中心，在四周布置次一级的公共空间，整体形成中心向四周的放射式，如壤塘村。

（5）网络式

村落整体形态较为紧凑，街巷沿各个方向延伸交叉形成网络，巷道连接各点状公共空间形成网络状布局，如萝卜寨村、西索村。

6.1.2 公共空间构成及组织分区比较

1. 羌族文化区特征

羌族文化区公共空间组织有街道串联式、分散式和网络式3种形式。其中，分散式5个，占地区村落总数的45.5%；聚集状村落公共空间呈网络式布局共4个。此外，老人村和较场村位于重要的商贸线路上，形成了街道串联式布局（表6.4）。

羌族文化区公共空间组织特征　　　　　表6.4

模式	村落	数量（个）	形成原因
街道串联式	老人村、较场村	2	受商贸影响形成重要的街巷，如老人村、校场村
分散式	四瓦村、阿尔村、小河坝村、增头村、休溪村	5	高山坡地的地形条件导致建筑既分散又聚集，形成小团块
网络式	桃坪村、萝卜寨、联合村、牛尾村	4	村落位于河谷平坝或高山平台，建筑集中布局

（1）分散式

分散式是羌族文化区最主要的公共空间组织方式，这一类村落多位于高山坡地，顺应地势建筑沿等高线布置。其公共空间呈现2种不同的布局特征：①高山坡地的地形条件导致人口聚集分散，只能形成紧凑的小团块，公共空间数量较少，分散式布局（表6.5），如四瓦村、阿尔村；②受地形限制形成多组团分布，各组团规模较小，使得公共空间形成分散式布局，如小河坝村、增头村。

（2）网络式

部分村落位于河谷平坝或河谷平台，便于建筑集中布局形成较大村落，村落形成纵横交错的网络街巷。村落内形成了多处公共空间，利用街巷串联和连接公共空间，形成网络式公共空间组织，如联合村、桃坪村、牛尾村。

羌族分散式公共空间组织　　　　　　　　　表6.5

	组织模式图	村落	
小团块分散	村落　陡坡 公共空间	茂县四瓦村	汶川县阿尔村
小组团分散	组团　陡坡 组团　公共空间　组团	茂县小河坝村	理县增头村

（3）街道串联式

在交通不发达的年代，以茶马古道为主要运输载体所形成的商路承载了各个民族文化区的联系与物质交换功能。依托茶马古道形成的交通贸易网络，让汉、羌、藏联系加强，既是经济交换系统，也是人员流动的路径，更是文化交流与融合的通道。茶马古道沿线形成了较多村落，部分村落形成商贸街道和驿站节点，伴随居民日常生活形成了众

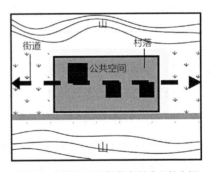

图6.9　羌族文化区街道串联式公共空间
组织模式

多公共空间，通过街道串联（图6.9）。村落中形成的街道也是茶马古道或区域古道中的一段，紧邻街道的公共空间节点类似村落中形成的孔道，为路过客商和居民提供各种服务。此外，由于茶马古道的流动性和连通性，该类村落虽然所处位置不同文化不同，但空间又存在着一定的相似性，体现出茶马古道强烈的联系性。

2. 嘉绒藏族文化区特征

嘉绒藏族文化区传统村落公共空间组织以分散式为主，共11个，占地区总数的55%；部分村落受宗教建筑影响形成放射式；部分村落聚集规模较大，形成多条街巷，呈现网络式布局（表6.6）。

嘉绒藏族文化区公共空间组织模式　　　　　　　　表6.6

组织模式	村落	数量(个)	形成原因
街巷串联式	知木林村	1	建筑沿主要街巷布置
分散式	色尔米村、加斯满村、大别窝村、妖枯村、宋达村、克格依村、波色龙村、莫洛村、西苏瓜子村、沙吉村、丛恩村	11	建筑分布在陡坡，呈点状分散布局，公共空间分散
放射式	尕兰村、代基村、春口村、齐鲁村	4	宗教空间为核心形成放射状布局
网络式	直波村、甘堡村、西索村、色尔古村	4	村落集聚形成网络式

（1）分散式

该类型村落主要分布在丹巴县，多位于河谷两侧陡坡上，建筑点状分散布局，公共空间数量较少，多为碉楼和小型广场，整体呈现分散式布局，如丹巴县妖枯村（图6.10）、丹巴县宋达村。

（2）放射式

该地区部分村落寺庙规模及影响力较大，形成了以宗教空间为核心的放射式公共空间布局。如马尔康市尕兰村青轲轮寺建成至今约400年，马尔康市春口村（图6.11）大藏寺建成至今约600年。

（3）网络式

部分位于河谷地区的村落因地势相对平坦建筑聚集较多，村落规模较大，形成了多条街巷交叉的格局。村落公共空间主要包括碉楼、寺庙、广场、白塔等，由街巷串联形成网络式布局，如马尔康市直波村、理县甘堡村。

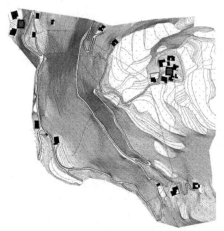

图6.10　丹巴县妖枯村公共空间组织　　　　图6.11　马尔康市春口村公共空间组织

3．安多藏族文化区特征

安多藏族文化区村落公共空间组织以分散式为主，共7个，占地区村落总数的63.6%；部分村落受寺庙影响呈现放射式、网络式和中心轴线式布局（表6.7）。

安多藏族文化区公共空间组织模式　　　　　表6.7

组织模式	村落	数量（个）	形成原因
中心轴线式	大屯村、大城村	2	宗教轴线、交通轴线
分散式	东北村、中查村、下草地村、苗州村、大寨村、大录村、修卡村	7	高山坡地形成分散式布局；高山陡坡形成小聚集分散
放射式	壤塘村	1	以宗教空间为核心形成放射状公共空间
网络式	茸木达村	1	—

（1）分散式

安多藏族文化区公共空间呈分散式组织的村落较多，主要有2种类型：①高山坡地形成分散式布局，由于地形坡度较大，村落建筑只能分散成多组团布局，由于各组团规模较小公共空间数量较少，整体呈现分散式布局，如九寨沟中查村、九寨沟东北村（图6.12）；②高山陡坡形成集中式分散，即地形限制使得村落建筑集中布局，但村落公共空间数量较少，呈现分散式布局，如九寨沟大寨村、九寨沟大录村（图6.13）。

图6.12 九寨沟县东北村公共
空间组织

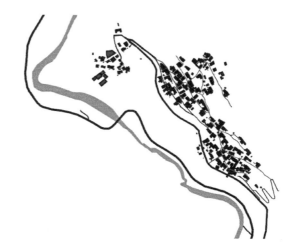

图6.13 九寨沟县大录村公共空间组织

（2）中心轴线式

公共空间中心轴线式布局在川西地区较少，主要是受汉文化思想影响形成的空间组织方式，体现了一种空间秩序。安多藏族文化区有2个村落是此类布局，松潘县大屯村和九寨沟县大城村。

九寨沟县大城村，唐朝末年由一位赵姓军官带领军队，用时3年建成。村落四周设置城墙，其中西侧临山一侧城墙只有少量残存，东侧临河一侧城墙仍有部分保存完整。中部形成南北主轴线，也是村内主要交通道路，连接多条以姓氏命名的巷道，如郑家巷、赵家巷等，南北两端设置寨门，寨门无残留，目前南门改设入口广场和牌坊。此外，东侧为农田，位于低处，靠近河道的地方有少量古树和水磨等公共空间。

（3）放射式

安多藏族文化区放射式公共空间组织的村落，只有壤塘县壤塘村，该村主要受宗教影响形成。元末明初建立觉囊派寺庙确尔基寺，四周游牧民不断在寺庙附近聚集，村落逐渐形成了以确尔基寺庙为中心的格局。经过数百年的发展，确尔基寺向北发展形成泽布基寺，向南发展形成藏哇寺，各种佛塔、佛殿林立。同时四周村民聚集人数增加，规模扩大，设置了环线转经廊、白塔、草坝子等公共空间，共同形成了中心放射的格局。

4．康巴藏族文化区特征

康巴藏族文化区传统村落公共空间以分散式为主，共16个，占地区总数的64%。主要分布在白玉、得荣、稻城、乡城、炉霍等县；部分村落放射式布局，以寺院为中心，主要分布在白玉县；部分村落网络式布局，主要分布在理塘县（表6.8）。

康巴藏族文化区公共空间组织模式　　　　　表6.8

组织模式	村落	数量(个)	形成原因
分散式	龚巴村、边坝村、麻通村、马色村、仲德村、色尔宫村、仲堆村，八子斯热村、阿称村、子实村、阿洛贡村、子庚村、古西村、七湾村、朱倭村、然柳村	16	建筑分散布局、公共空间分散
放射式	帮帮村、下沙比村、查卡村、修贡村	4	寺院为中心，放射状布局
网络式	亚丁村、车马村、德西二村、德西三村、德西一村	5	街巷网络布局

（1）分散式

康巴藏族文化区公共空间呈分散式组织的村落较多，集中在4个地区。炉霍县、乡城县等地传统村落选址平坝，村落相对集中布局，公共空间多为白塔、玛尼堆、转经房等，公共空间数量少，呈分散式分布，如乡城县色尔宫村、炉霍县

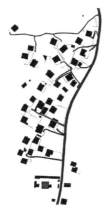

图6.14　炉霍县七湾村公共空间组织

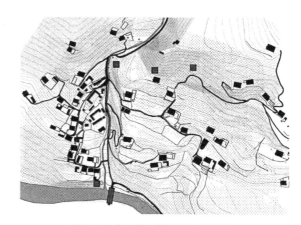

图6.15　白玉县麻通村公共空间组织

七湾村（图6.14）。白玉县传统村落分布在河谷平坝处，地势平坦，建筑呈点状
分散分布，公共空间数量少且分散布局，如白玉县龚巴村、麻通村（图6.15）。
得荣县传统村落分布在金沙江两岸，坡度极大，建筑数量少布局分散，公共空间
数量和类型较少，呈分散式布局，如得荣县子实村、阿称村。

（2）放射式

白玉县及理塘县部分村落的公共空间形成以寺院为中心的放射式布局。寺
院佛堂居中，僧房四周布置，占地规模较大。寺庙紧邻村落或者独立发展，结合
生产和生活设置少量点状公共空间，整体呈现放射式布局。白玉县帮帮村扎马寺
1688年建，寺庙属于宁玛教派，建筑面积3万多平方米。寺庙建筑依山就势，佛堂
和僧房位于高处。村落民居位于四周及河谷，村内形成了广场和白塔等公共空间。

5．公共空间构成及组织分区比较

（1）分散式是羌族文化区主要的公共空间组织方式，公共空间以碉楼为主。

羌族文化区公共空间组织与地形有密切的关系，位于高山坡地的村落顺应地
势，建筑沿等高线布置，整体分散，人口聚集成小组团，与公共空间相结合布
置，数量较少呈分散式，公共空间以碉楼为主。位于河谷地区的村落，受茶马古
道影响，形成商贸街道，公共空间通过街巷串联组织（表6.9）。

川西地区传统村落公共空间构成及组织分区特征　　　　表6.9

文化区	主要组织形式	主要公共空间类型	公共空间组织特征	影响因素
羌族文化区	分散式、网络式	碉楼	有街道串联式、分散式和网络状3种；分散式为主5个，占地区总数45.5%，聚集状村落公共空间呈网络状布局，共4个，街道串联式有2个村庄	村落位于河谷平坝或高山平台，建筑集中布局；受商贸影响形成街道；高山坡地建筑分散成组团
嘉绒藏族文化区	分散式	碉楼	以分散式为主，共11个，占地区总数的55%；部分村落受宗教建筑影响，形成放射式	丹巴县村落建筑散点分布在陡坡，公共空间分散；以宗教空间为核心，形成放射状布局
安多藏族文化区	分散式、中心轴线式	寺庙	分散式为主，共7个，占地区总数的63.6%；有中心轴线式村落	高山坡地形成分散式布局，高山陡坡形成小聚集分散
康巴藏族文化区	分散式	寺庙	分散式为主，共16个，占地区总数的64%，分布在得荣、稻城、乡城、炉霍等县；部分村落放射式布局，主要分布在白玉县	建筑分散布局、公共空间分散；以寺院为中心，放射状布局

（2）分散式和放射式是嘉绒藏族文化区主要的公共空间组织方式，公共空间以碉楼和寺庙为主。

嘉绒藏族文化区的丹巴县公共空间组织与地形有密切的关系，村落多位于河谷两侧陡坡，建筑分散布置，公共空间组织为分散式。文化区北部受藏传佛教影响，形成大量寺庙，出现了大量受宗教影响的村落，公共空间组织呈放射式。

（3）分散式是安多藏族文化区主要公共空间组织方式，公共空间以寺庙为主。

安多藏族文化区公共空间组织同样与地形有密切的关系，多分布在高山坡地，形成分散式布局，村落公共空间以寺庙为主。该区域内有受到汉族文化影响较大的村落，出现了少量其他地区没有的中心轴线式。

（4）康巴藏族文化区村落聚集度低，公共空间组织以分散式为主，公共空间以寺庙为主。

康巴藏族文化区地广人稀，村落集聚程度较低，公共空间组织方式多为分散式。同时该区域寺庙较多，受宗教影响较大，部分村落公共空间组织呈放射式。理塘县受茶马古道影响，形成聚集村落，公共空间组织呈网络式。

6.1.3　公共空间构成及组织类型比较

1．分散式

4个文化区公共空间组织均有分散式，形成原因主要和地形有关，特征各有不同。该类型村落主要选址在坡地，由于坡度较大，建筑多为分散布局，公共建筑较少且散乱分布。而康巴藏族文化区，部分地区村落位于平坝地区，但由于人口稀少，建筑散乱分布于农田之中，出现分散式公共空间组织。羌族和嘉绒藏族文化区的主要公共空间类型为碉楼，安多藏族文化区主要公共空间类型为寺庙，康巴藏族文化区主要公共空间类型为寺庙和转经房（表6.10）。

川西地区公共空间分散式组织村落特征比较　　　　表6.10

主要分布	汶川县、茂县	丹巴县、黑水县	九寨沟县	得荣县、白玉县
文化区	羌族文化区	嘉绒藏族文化区	安多藏族文化区	康巴藏族文化区
村落数量（个）	5	11	7	16
地理位置	高山坡地	河谷陡坡	高山坡地高山陡坡	高山坡地高原平坝
空间类型	碉楼	碉楼	寺庙	寺庙和转经房
特征	高山坡地，建筑整体分散，形成小聚集，公共空间分散	地形坡度大，建筑点状分散布局，公共空间分散	高山坡地形成分散式布局；高山陡坡形成小聚集分散	建筑少且分散布局，公共空间分散

2．网络式

4个文化区公共空间组织均有网络式，但数量较少。村落多选址在地势相对平坦地区，如河谷或高原平坝地区，同时村落聚集且规模较大，村内公共空间较多，较好形成网络式公共空间组织。羌族文化区的主要公共空间类型为碉楼，嘉绒藏族文化区当地民众有跳锅庄的习惯，主要公共空间类型为广场，安多藏族文化区主要公共空间类型为寺庙，康巴藏族文化区主要公共空间类型为宗教构筑物，如白塔、转经筒（表6.11）。

川西地区公共空间网络式组织村落特征比较 　　　　表6.11

主要分布	汶川县	马尔康市	壤塘县	理塘县
文化区	羌族文化区	嘉绒藏族文化区	安多藏族文化区	康巴藏族文化区
村落数量（个）	4	4	1	5
地理位置	河谷地区	河谷地区	河谷地区	高原平坝
空间类型	碉楼	广场	寺庙	宗教构筑物
特征	村落位于河谷平坝，建筑集中布局，碉楼较多	河谷地区，村落集聚，形成网络式，多有广场	河谷地区，村落集聚，有寺庙	高原平坝，村落集聚，街巷网络布局

3．放射式

放射式公共空间组织主要分布在嘉绒藏族文化区、安多藏族文化区和康巴藏族文化区，该类公共空间组织方式受宗教影响，即中心基本上为重要的寺庙。嘉绒藏族文化区的放射式公共空间组织，由于村落地形有高差和坡度，从信仰中心到民居呈现由高到低的阶梯状分布；安多藏族文化区的放射式公共空间组织外围形成了环线公共空间；康巴藏族文化区的放射式公共空间组织，村落中心的寺庙规模较大，年代较久，影响力较大（表6.12）。

川西地区公共空间放射式组织村落特征比较 　　　　表6.12

主要分布	马尔康市	壤塘县	白玉县、理塘县
文化区	嘉绒藏族文化区	安多藏族文化区	康巴藏族文化区
村落数量（个）	4	1	4
地理位置	河谷地区	河谷地区	河谷地区

空间类型	寺庙	寺庙	寺庙
特征	多以寺院为中心放射状布局	以寺院为中心放射状布局，寺庙规模较大	以寺院为中心放射状布局，寺庙规模较大

6.1.4　公共空间构成及组织谱系总结

1. 公共空间构成及组织谱系表

川西地区传统村落公共空间组织形式多样，可分为中心轴线式、街巷串联式、分散式、放射式和网络式。分散式公共空间组织村落最多，中心轴线式组织村落最少。分散式村落共39个，约占总数的58.2%，多分布在嘉绒藏族文化区和康巴藏族文化区；中心轴线式共2个，约占总数的3.0%，全部分布在安多藏族文化区；街巷串联式村落共3个，约占总数的4.5%，主要分布在羌族文化区；放射式村落共9个，约占总数的13.4%，多分布在嘉绒藏族文化区和康巴藏族文化区；网络式村落共14个，约占总数的20.9%，主要分布在康巴藏族文化区（表6.13）。

川西地区传统村落公共空间构成及组织谱系表　　表6.13

组织类型	村落名称	数量(个)	占比	主要分布
中心轴线式	大屯村、大城村	2	3.0%	安多藏族文化区
街巷串联式	知木林村、老人村、较场村	3	4.5%	羌族文化区
分散式	龚巴村、边坝村、麻通村、马色村、仲德村、色尔宫村、仲堆村、八子斯热村、阿称村、子实村、阿洛贡村、子庚村、古西村、七湾村、朱倭村、然柳村、色尔米村、加斯满村、大别窝村、妖枯村、宋达村、克格依村、波色龙村、莫洛村、西苏瓜子村、沙吉村、丛恩村、东北村、中查村、下草地村、苗州村、大寨村、大录村、修卡村、四瓦村、阿尔村、小河坝村、增头村、休溪村	39	58.2%	嘉绒藏族、康巴藏族文化区

组织类型	村落名称	数量(个)	占比	主要分布
放射式	帮帮村、下沙比村、查卡村、修贡村、尕兰村、代基村、春口村、齐鲁村、壤塘村	9	13.4%	嘉绒藏族、康巴藏族文化区
网络式	亚丁村、车马村、德西二村、德西三村、德西一村、直波村、甘堡村、西索村、色尔古村、茸木达村、桃坪村、萝卜寨、联合村、牛尾村	14	20.9%	康巴藏族文化区

2.公共空间构成及组织谱系图

将川西地区传统村落公共空间构成及组织类型与该村落的空间信息叠合，利用GIS进行类型重分类，形成川西地区传统村落公共空间构成及组织谱系图。

3.公共空间构成及组织谱系总体特征

(1) 川西地区传统村落公共空间较少，公共空间组织多为分散式。

对川西地区传统村落公共空间数量进行统计，公共空间2处及以下的村落共26个，占总数的38.8%，村落公共空间整体偏少。同时，受地形坡度较大影响，川西地区空间组织内聚性整体较弱，加之公共空间数量较少，空间组织以分散为主。

(2) 川西地区放射式公共空间组织村落主要集中在川西地区中部，核心公共空间多为寺庙。

放射式公共空间组织，主要以村落中部公共空间为中心，在四周布置次一级的公共空间，整体形成中心向四周的放射式。此组织类型川西地区共9个，其中6个位于川西地区中部（图6.16），全部以寺庙为中心。

(3) 公共空间较多的村落多集中在川西地区东部，空间组织形式以网络式为主。

网络式公共空间组织类型川西地区共14个，其中8个位于川西地区东部（图6.17）。该地区紧邻汉族，受汉族文化影响较大，形成了多种类型的公共空

图6.16　公共空间放射式组织村落分布示意图

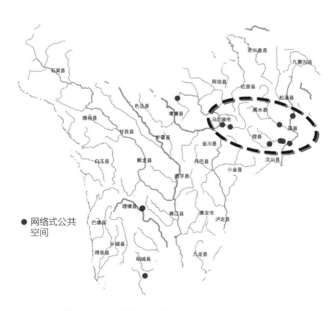

图6.17　公共空间网络式组织村落分布示意图

间，有寺庙、广场、碉楼、街道等，村落规模大聚集布置，形成网络式公共空间组织。

6.2 街巷空间构成及组织图谱

6.2.1 街巷空间构成及组织分类

1．街巷空间构成

（1）街道

街道是指两边有房屋的、比较宽的道路，两侧建筑通常开设商铺，售卖或提供商品公共服务。受茶马古道影响，在川西地区拥有街道的传统村落包括较场村、西索村、老人村和车马村4个，在这些村落中形成了沿街商铺，进行贸易、物资交换，为往来的客商提供必要的生活服务，如餐饮、住宿等。主要有汉族风貌街和藏式风貌街两种：汉族风貌街道较宽，为4～6m，两侧为坡屋顶的店面，建筑多为1～2层；藏式风貌街较窄，为2～4m，两侧为平屋顶建筑（表6.14）。

川西地区传统村落街道　　　　　　　　　表6.14

村落	街道示意	实景	特征
理县较场村			汉族风貌街道，宽度4～6m
汶川县老人村			汉族风貌街道，宽度4～6m

村落	街道示意	实景	特征
马尔康市西索村			藏族风貌街道， 宽度2～4m
理塘县车马村			藏族风貌街道， 宽度2～4m

（2）巷道

1）主巷道

主巷道即连接村落中各处建筑和各次要巷道的主要道路，村落中的大多数交通均需通过主巷道发生。它串联起了整个村落公共建筑以及主要的公共活动空间。主巷道一般较为开阔，宽度2～5m。根据主巷道在村落中的相对分布位置，可将川西地区传统村落主巷道分为穿过型、十字形和环形三种。有的村落建筑过于分散，街巷无明显等级，可看作无明显主巷道，如尕兰村。

2）次要巷道

次要巷道是延续主巷道交通功能的道路，从主巷道延伸出去，相当于村落交通系统中的"毛细血管"，通往各家各户，分布在村落的每个角落，也包括村落穿过建筑的暗巷、建筑之间的窄巷。次要巷道一般较窄，宽度1～3m。根据次要巷道的功能可将其分为连通型次要巷道和到达型次要巷道：连通型次要巷道指的是连接主次巷道或者连接次要巷道与次要巷道的道路，到达型次要巷道是指通往各家各户、农田等地的巷道。

（3）街巷数量

根据传统村落的街巷数量，将其分为无街巷、1～3条街巷和多条街巷三种类型。在川西地区的传统村落中，无街巷的村落较少，主要分布在嘉绒藏族、安多藏族、康巴藏族文化区，该类型的村落通常建筑较少且分散，仅靠1条对外交通道路连接。部分村落内有1～3条街巷，主要分布在羌族和嘉绒藏族文化区。多数村落为多条街巷的形式，该种形式在羌族、安多藏族、康巴藏族等文化区所占比例均达到70%以上。这种类型的村落占地面积较大，建筑较多且建筑布局较为紧凑，利用多条街巷交叉布局形成网络（表6.15）。

川西各文化区村落街巷数量统计　　　　　　　　　　　　　　　　表6.15

街巷数量	羌族文化区		嘉绒藏族文化区		安多藏族文化区		康巴藏族文化区	
	村落数量（个）	占比	村落数量（个）	占比	村落数量（个）	占比	村落数量（个）	占比
无	0	0%	3	15%	1	9%	1	4%
1～3条	3	27%	6	30%	0	0%	1	4%
大于3条	8	73%	11	55%	10	91%	23	92%
合计	11	100%	20	100%	11	100%	25	100%

2. 街巷空间组织

传统村落形成与发展过程中，早期受自然条件的影响较大，地理环境的复杂程度直接决定了街巷组织的早期形态。随着村落的不断发展，社会活动对街巷形式的影响开始增加。在自然地理与人文社会的双重影响下，川西地区的传统村落形成了独特的街巷组织形式，主要分为鱼骨状、树枝状、网络状、之字形四种类型（表6.16）。

（1）鱼骨状

村落往往由一条主巷道串联，在主巷道的一侧或两侧向外垂直延伸出次要巷道，各次要巷道之间相互平行。在川西地区该类型村落多位于地形高差较大的坡

川西地区传统村落街巷空间组织形式　　　　表6.16

	模式图	图示	图示
鱼骨状	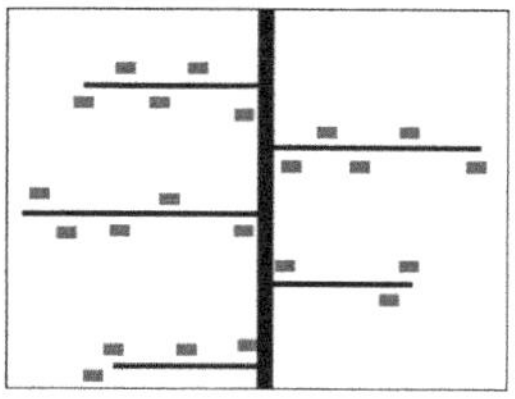	 九寨沟县下草地村	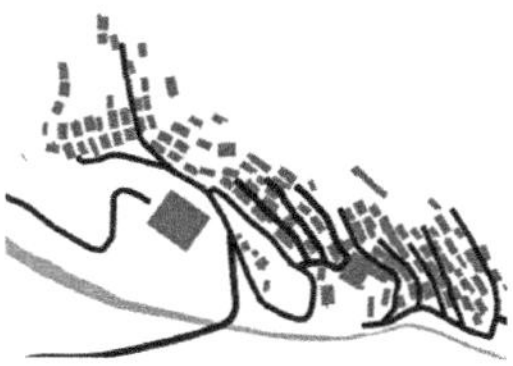 白玉县帮帮村
树枝状	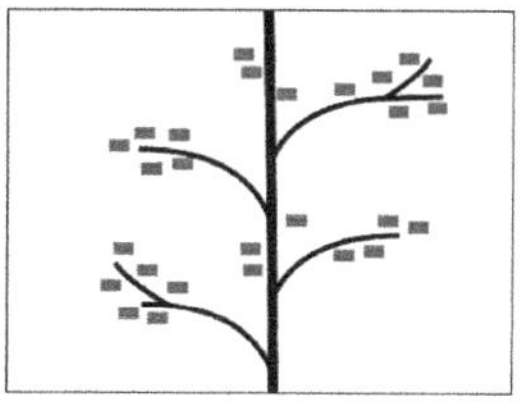	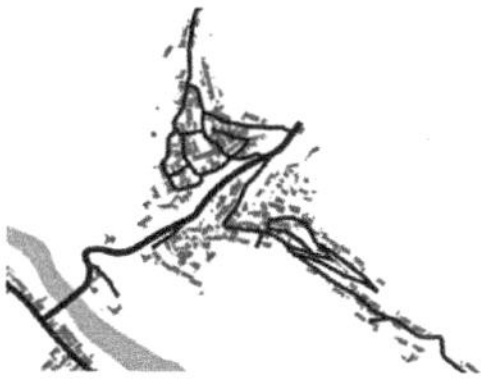 黑水县色尔古村	 白玉县麻通村
网络状	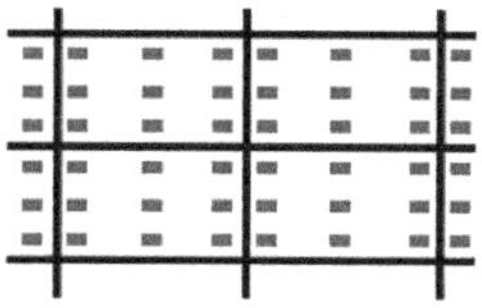	 壤塘县壤塘村	 理县桃坪村
之字形	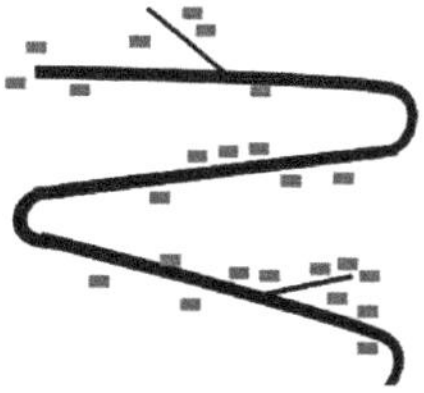	 丹巴县波色龙村	 丹巴县莫洛村

地上，主巷道通常垂直于等高线，次要巷道则平行于等高线分布，主巷道形成联系该村落不同高差的次要巷道之间的"竖向交通"，在地势陡峭的情况下，主巷

道通常为步行梯步。

(2) 树枝状

树枝状是川西地区传统村落最常见的街巷组织形式，通常由一条主巷道串联起整个村落，再从主巷道上延伸发散出多条次要巷道通往各个居住组团或分散建筑，而各次要巷道长度较短。该类型村落在高山台地、坡地、河谷平坝、平坝等地区均有分布。同时，由于在村落的形成过程中大多未经规划或受地形限制，建筑分布较为分散、自由，街巷组织也因此呈现出较为自由发散的树枝状，村落整体也呈现出自由的形态。

(3) 网络状

网络状街巷组织的村落通常呈现出大量街巷纵横交织，形成较方正的棋盘网络格局，主次巷道无明显区分。该类型的村落多位于较为平坦的河谷平坝或高山台地上，不受地形高差的影响，建筑呈现大规模的高度集聚和成片发展，为保证内部的交通通达，逐渐形成了纵横交错的街巷空间。

(4) 之字形

之字形的街巷组织形式通常是由一条主巷道蜿蜒曲折到达村落中的各个居住组团，局部再分散延伸出多条次要巷道。该类型的村落多位于陡峭险峻的山地上，受地形影响，建筑多分散布置，常常呈多组团状或零散分布。为到达各建筑，主巷道往往折叠成之字形，道路与等高线近乎平行的状态来达到减缓坡度便于通行的目的。

6.2.2 街巷空间构成及组织分区比较

1. 羌族文化区特征

羌族文化区村落街巷空间组织有两种形式：①分布在地势较为平坦的河谷地区的村落，受地形和防御影响，建筑集中布置，街巷呈网络状，共6个村落；②分布在高山坡地的村落，建筑依山而建，坡度较大，街巷组织呈现树枝状，共5个村落（表6.17）。

羌族文化区传统村落街巷组织 表6.17

组织类型	村落	数量	主要特征
树枝状	休溪村、增头村、小河坝村、四瓦村、阿尔村	5	坡度大，建筑分散，树枝状连接
网络状	桃坪村、较场村、牛尾村、萝卜寨、老人村、联合村	6	地势平坦，建筑分布较为集中，街巷网络

（1）树枝状

羌族文化区该类型的村落多位于高山坡地上，建筑多沿等高线布置，部分村落为多组团布局，各组团内建筑分布较为集中。此外，村落内部有许多深入民居内的暗巷，或者在屋顶形成户户连通的交通，增加街巷的复杂性，提高了村落防御性，也可以理解为一种隐性的网络状街巷组织。但是从表面上所呈现出的街巷形式来看，仍是明显的树枝状结构，如增头村和小河坝村（图6.18）。

（2）网络状

该类型的村落除萝卜寨位于高山台地外，其余均位于河谷平地，地势平坦，建筑分布集中规整，村落规模较大。由此形成了较为成熟的网络状街巷组织，内部交通可达性强，如桃坪村、较场村（图6.19）、萝卜寨和老人村。

老人村、较场村属商贸型，形成网络状街巷，街巷宽度不一致，主街较宽

图6.18 茂县小河坝村街巷组织

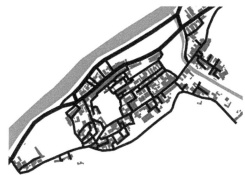

图6.19 理县薛城较场村街巷组织

(4~6m)，巷道较窄（约2m），平行或垂直主街道布置。羌族地区村落防御性较强，街巷围合性强，巷道较窄，街道宽高比（D/H）较小。如桃坪村和萝卜寨村属典型防御性村落，萝卜寨村街巷两侧有高高的院墙，院墙高度大于2m，巷道较窄（1~2m），D/H值为0.5~1，桃坪村多利用建筑山墙围合街巷，道路较窄（1~1.5m），D/H值为0.2~0.3，同时设置较多暗巷，屋顶形成户户连接的步行系统增强防御性。

此外，由于羌族地区村落防御性较强，在河谷集聚布局的村落形成了较多窄巷、暗巷，并利用较多转折增加内部交通复杂程度以增强防御性；在高山坡地布局的村落形成了较多台阶状窄巷、暗巷，增强防御性。

2. 嘉绒藏族文化区特征

嘉绒藏族文化区多数村落位于坡地或陡坡上，少部分位于平坝地区，受地形影响，街巷组织形式以树枝状为主，共9个，占本地区总数的45%，之字形和网络状均为5个，仅有1个村落为鱼骨状（表6.18）。

嘉绒藏族文化区传统村落街巷组织　　　　　　表6.18

组织类型	村落	数量(个)	主要特征
鱼骨状	知木林村	1	沿道路布置建筑
树枝状	加斯满村、色尔古村、大别窝村、西苏瓜子村、从恩村、色尔米村、尕兰村、春口村、克格依村	9	位于河谷坡地和高山坡地，组团状布局，树枝状街巷连接各组团
网络状	甘堡村、西索村、直波村、代基村、齐鲁村	5	位于河谷平坝，规模较大，较为聚集，街巷网络状
之字形	沙吉村、莫洛村、妖枯村、宋达村、波色龙村	5	集中位于丹巴地区、选址较陡峭的坡地上，垂直落差较大，建筑分散

（1）树枝状

该类型的村落数量较多，村落多分布在高山坡地和河谷坡地，少量村落位于河谷平坝和河谷平台。位于坡地的村落，建筑沿等高线布置，主巷道垂直于等高线，次巷道沿等高线从主巷道向外延伸出去，呈树枝状，如从恩村（图6.20）、色尔古村、春口村。丹巴县克格依村位于高山台地上，但建筑布局较为分散，街巷呈树枝状连接各家各户。

色尔古村、大别窝村、西苏瓜子村紧邻羌族文化区，街巷空间与羌族村落相似。主次巷道均较窄、两侧建筑较高、形成封闭幽暗的氛围，巷道转折较多并设置窄巷、暗道等进一步加强其防御性。村落均选址于坡地，建筑顺山势布置，形成了很多纵向的巷道，多为陡峭的台阶，沿纵向街巷设排水明沟，方便村落排水。

（2）之字形

之字形街巷组织的村落多位于丹巴县，村落位于较陡峭的山坡上，坡度大，垂直落差较大，建筑呈点状或者小组团分布，布局较分散。村落由一条之字形主巷道连接，部分由次要巷道连接入户，如莫洛村、波色龙村（图6.21）。

（3）网络状

该类型的村落均位于河谷平坝或河谷缓坡，村落发展条件较好，建筑较为聚集、规模较大。以此为基础形成纵横交错的街巷，联系各主要建筑、主要公共空间，方便生活出行。其中西索村临河一侧，形成了街道，成为商贸和生活服务的空间。

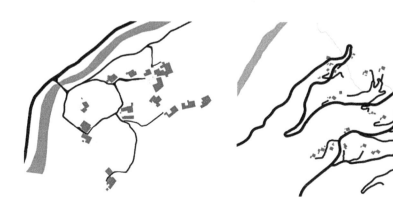

图6.20   马尔康市丛恩村街巷组织   图6.21   丹巴县波色龙村街巷组织

3.安多藏族文化区特征

安多藏族文化区街巷组织网络状最多，共5个，占地区总数的45.5%。该类村落地势较为平坦，建筑分布较为集中。其余地区多为坡地，建筑分散，街巷为树枝状和鱼骨状（表6.19）。

安多藏族文化区传统村落街巷组织   表6.19

组织类型	村落	数量（个）	主要特征
鱼骨状	下草地、大录村	2	位于坡地，次要巷道平行等高线，主巷垂直于等高线，是竖向交通
树枝状	修卡村、中查村、大寨村、苗州村	4	位于坡地上，建筑组团状布局，树枝状街巷连接各组团
网络状	茸木达、壤塘村、大城村、东北村、大屯村	5	位于河谷平坝，村落成片发展，街巷呈网络状

（1）鱼骨状

安多藏族文化区鱼骨状街巷组织形式的村落位于坡地，受地势影响，主巷道垂直于等高线，作为竖向交通以梯步的形式连接次要巷道，次要巷道平行于等高线分布，如下草地村（图6.22）。

（2）树枝状

该类村落多位于高山坡地，建筑沿等高线布置，比较集中，主巷道垂直于等高线，为折线或曲线，次巷道平行于等高线通往各家各户，次要巷道连接主巷道，呈现树枝状，如大寨村、苗州村（图6.23）。

（3）网络状

该地区网络状街巷组织形式的村落全部位于河谷平坝地区，村落发展条件较好，建筑成规模成片发展，街巷纵横交错成网络，可达性强，如壤塘村和大城村。安多地区村落规模较大，建筑数量较多，九寨沟区域的村落受汉族文化影响较大，街巷密集连通性较好，能方便快捷到达各户，防御性较弱。主巷道比较明

图6.22　九寨沟县下草地村街巷组织　　　　图6.23　九寨沟县苗州村街巷组织

确，宽度1.5~3m；次要巷道多在建筑山墙面设置，连接各户，宽度1~2m；各户在巷道上设置连接道路与户内院坝相连，形成入户道路。在主要巷道交会处多设置停车场，也是生活集会广场。

4．康巴藏族文化区特征

康巴藏族文化区地形多样，既有地势相对平坦的地区，也有极其陡峭的地区，街巷组织形式以树枝状、网络状为主，分别占地区总数的40%和36%（表6.20）。

康巴藏族文化区传统村落街巷组织　　　　表6.20

组织类型	村落	数量(个)	主要特征
鱼骨状	帮帮村	1	建筑沿等高线布，主要巷道垂直等高线
树枝状	边坝村、麻通村、龚巴村、下比沙村、亚丁村、仲堆村、古西村、仲德村、色尔宫村、马色村	10	白玉县高原平坝，稻城县和乡城县河谷平坝，建筑均呈散点状分布，街巷为树枝状
网络状	车马村、德西二村、德西三村、德西一村、查卡村、修贡村、七湾村、朱倭村、然柳村	9	理塘县，村落成片、成规模发展，街巷为网络状；炉霍县，建筑集中，但建筑之间间距较大，街巷呈网络状
之字形	八子斯热、阿称村、子实村、子庚村、阿洛贡	5	得荣县，村落多组团，组团分布在落差大的陡坡上，街巷为之字形

（1）树枝状

树枝状街巷组织形式的传统村落主要位于两个地区：①白玉县。选址于高原平坝，建筑呈散点状分布，街巷树枝状连接分散建筑，如边坝村、麻通村（图6.24）。②稻城县和乡城县。多选址于河谷平坝地区，建筑也呈散点状分布，但相较白玉县，建筑数量较多、规模较大，街巷多呈树枝状连接分散建筑，如亚丁村、仲堆村。

白玉县、稻城县、乡城县等地的村落多选址在平坦的河谷两侧，建筑较少，加上多为牧区，建筑布局较为分散，树枝状连接的街巷尺度较宽，主巷道宽度3～5m，次要巷道2～3m。其中乡城地区部分村落巷道两侧有夯土围墙，高度1～2m。

（2）网络状

该文化区的网络状街巷组织形式大致集中分布在两个地区：①理塘县。该地区受寺庙和茶马古道影响较大，村落成片发展，规模较大，街巷也由此呈现出较为成熟的网络状格局，如德西二村、查卡村。②炉霍县。该地区传统村落建筑整体较为集中，但建筑间距较大，主要通过自然形成的小街巷连接，呈现出网络状，如修卡村、七湾村（图6.25）。

（3）之字形

之字形街巷组织形式的村落全部位于得荣县，村落分布在金沙江两岸，地势陡峭，村落呈多组团状，但组团规模小，部分组团是独栋建筑，组团分布在垂直落差大的陡坡上，为减缓坡度，主街巷呈之字形，连接分散组团和建筑（图6.26）。

5．街巷空间构成及组织分区比较

（1）树枝状和网络状是羌族文化区主要的街巷空间组织方式。

羌族文化区村落街巷空间组织有两种形式：①分布在地势较为平坦的河谷地区的村落，受地形和防御影响，建筑集中布置，街巷呈网络状，利用暗巷形成复杂防御系统；②分布在高山坡地的村落，建筑依山而建，坡度较大，建筑分散，街巷组织呈现树枝状（表6.21）。

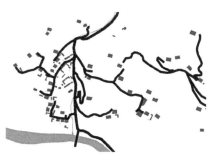

图6.24　白玉县麻通村

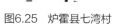

图6.25　炉霍县七湾村

图6.26　得荣县阿洛贡村

川西地区传统村落街巷空间构成及组织分区特征　　　　　表6.21

文化区	街巷构成及特征	主要组织形式	特征	影响因素
羌族文化区	有街道；次要巷道为主，较窄；暗巷较多	树枝状、网格状	有树枝状、网络状两种类型；其中树枝状共5个，网络状共6个	地势平坦的河谷地区的村落，防御性强，建筑集中布置，街巷呈网络状；高山坡地的村落，建筑分散，街巷树枝状；利用街巷防御
嘉绒藏族文化区	次要巷道为主，较窄；坡度陡	树枝状	以树枝状村落为主，共9个，占本地区总数的45%；之字形和网络状各为5个	多数村落位于坡地或陡坡上，街巷树枝状、之字形
安多藏族文化区	次要巷道为主；巷道较长	网络状	网络状最多，共5个，占地区总数的45.5%	村落地势较为平坦，村落规模大，建筑集中，街巷网络状；其余地区多为坡地，街巷树枝状
康巴藏族文化区	主要巷道为主，较宽；有街道	树枝状、网络状	树枝状、网络状为主，分别占地区总数的40%和36%	地势平坦的地区，街巷网络状或树枝状；极陡峭坡地，街巷之字形

（2）树枝状是嘉绒藏族文化区主要的街巷空间组织方式。

嘉绒藏族文化区树枝状街巷空间组织方式村落数量较多，多分布在高山坡地和河谷坡地，少量村落位于河谷平坝和河谷平台。位于坡地的村落，建筑沿等高线布置，主巷道垂直于等高线，次巷道沿等高线从主巷道向外延伸出去，呈树枝状，巷道较窄、坡度大。丹巴县的村落，河谷陡坡选址，街巷呈之字形。

（3）网络状是安多藏族文化区主要的街巷空间组织方式。

安多藏族文化区网络状街巷组织形式村落全部位于河谷平坝地区，村落发展条件较好，村落规模较大，建筑成规模成片发展，街巷纵横交错成网络，可达性强。该地区村落受汉族文化影响较大，街巷密集、连通性较好，能方便快捷到达各户，防御性较弱，次要巷道较长。

（4）树枝状和网络状是康巴藏族文化区主要的街巷空间组织方式。

康巴藏族文化区平坦地区，建筑集中的村落形成网络状街巷，理塘县部分村落形成街道，巷道较宽；建筑分散的村落，依靠主巷道树枝状连接。陡峭的坡地村落，之字形和树枝状街巷，主巷道较长。

6.2.3 街巷空间构成及组织类型比较

1. 树枝状

4个文化区街巷空间组织均有树枝状，形成原因主要与地形以及建筑布局形式有关，特征各有不同。羌族文化区、嘉绒藏族文化区和安多藏族文化区的树枝状街巷空间组织村落主要选址在坡地，由于坡度较大，建筑多为散点状布局或组团状布局，树枝状街巷连接各组团或建筑。康巴藏族文化区的树枝状街巷空间组织村落主要选址在高原平坝和河谷平坝，由于地区地广人稀，建筑为了与耕地结合布置，均呈散点状分布，树枝状街巷连接（表6.22）。

川西地区树枝状街巷空间组织村落特征比较　　　　表6.22

主要分布	汶川县、茂县	马尔康市、黑水县	九寨沟县	乡城县、白玉县
文化区	羌族文化区	嘉绒藏族文化区	安多藏族文化区	康巴藏族文化区
村落数量（个）	5	9	4	10
地理位置	坡地	河谷坡地	坡地	河谷平坝
空间类型	密集次要巷道	密集次要巷道	次要巷道	主要巷道
特征	一条到达性主要巷道； 密集次要巷道展开； 存在暗巷	黑水县的密集次要巷道展开，存在暗巷； 马尔康市主要巷道连接，短的次要巷道入户	次要巷道横向展开，较长	建筑分散，主要巷道串联； 次要巷道短

2．网络状

4个文化区街巷空间组织均有网络状，形成原因主要与地形以及村落聚集程度有关。4个文化区的网络状街巷空间组织村落地形主要选址在平坦地区，村落规模较大，建筑集聚程度较高，街巷呈网络状。其中，康巴藏族文化区理塘县村落受到茶马古道影响，高原平坝选址，村落成规模成片发展，形成贸易街道（表6.23）。

川西地区网络状街巷空间组织村落特征比较　　　　表6.23

主要分布	汶川县、理县	马尔康市	壤塘、九寨沟县	理塘县、炉霍县
文化区	羌族文化区	嘉绒藏族文化区	安多藏族文化区	康巴藏族文化区
村落数量（个）	6	5	5	9
地理位置	河谷平坝	河谷平坝	河谷平坝	高原平坝地区
空间类型	街道、 密集次要巷道	密集次要巷道	主要巷道、 次要巷道	主要巷道
特征	商贸街道； 街巷密集	巷道密集； 受寺庙、官寨影响	受寺庙影响； 汉族村落聚集； 主、次巷道明显	理塘县网络街巷，有商贸街道； 炉霍县建筑松散聚集，巷道宽

3. 之字形

之字形街巷空间组织分布在嘉绒藏族文化区和康巴藏族文化区，两个区域的之字形街巷空间组织村落均分布在坡度较大的河谷两侧。其中丹巴县的大渡河两侧，从河谷到山上均散落布局了建筑，出现了连续的之字形道路，连接建筑。得荣县的村落多分布在坡地高处，离河谷有一定距离，村落相对集中，形成的之字形道路坡长，不连续（表6.24）。

川西地区之字形街巷空间组织村落特征比较 　　　　表6.24

主要分布	丹巴县	得荣县
文化区	嘉绒藏族文化区	康巴藏族文化区
村落数量（个）	5	5
地理位置	河谷坡地	河谷坡地
空间类型	主要巷道	主要巷道、次要巷道
特征	建筑沿河谷坡地分散布局，分布落差较大； 连续多个之字形连接，较短； 主要巷道连接建筑	村落多组团布局； 村落离河谷远，长的之字形道路； 主要巷道连接组团，次要巷道连接建筑

6.2.4 街巷空间构成及组织谱系总结

1. 街巷空间构成及组织谱系表

川西地区传统村落街巷空间形式多样，可分为鱼骨状、树枝状、网络状、之字形。树枝状是最主要的街巷组织形式，共28个村落，占总数的41.8%，主要分布在嘉绒藏族文化区和康巴藏族文化区；鱼骨状街巷村落4个，占总数的6.0%，主要分布在安多藏族文化区；网络状街巷村落25个，占总数的37.3%，多分布在羌族文化区和康巴藏族文化区；之字形街巷村落10个，占总数的14.9%，多分布在嘉绒藏族文化区和康巴藏族文化区（表6.25）。

川西地区传统村落街巷空间构成及组织谱系表　　表6.25

类型	村落名称	数量(个)	占比	主要分布
鱼骨状	帮帮村、下草地、大录村、知木林村	4	6.0%	安多藏族文化区
树枝状	边坝村、麻通村、龚巴村、下比沙村、亚丁村、仲堆村、古西村、仲德村、色尔宫村、马色村、修卡村、中查村、大寨村、苗州村、加斯满村、色尔古村、大别窝村、西苏瓜子村、从恩村、色尔米村、尕兰村、春口村、克格依村、休溪村、增头村、小河坝村、四瓦村、阿尔村	28	41.8%	嘉绒藏族文化区、康巴藏族文化区
网络状	车马村、德西二村、德西三村、德西一村、查卡村、修贡村、七湾村、朱倭村、然柳村、茸木达、壤塘村、大城村、东北村、大屯村、甘堡村、西索村、直波村、代基村、齐鲁村、桃坪村、较场村、牛尾村、萝卜寨、老人村、联合村	25	37.3%	羌族文化区、康巴藏族文化区
之字形	八子斯热、阿称村、子实村、子庚村、阿洛贡、沙吉村、莫洛村、妖枯村、宋达村、波色龙村	10	14.9%	嘉绒藏族文化区、康巴藏族文化区

2．街巷空间构成及组织谱系图

将川西地区传统村落街巷空间构成及组织类型与该村落的空间信息叠合，利用GIS进行类型重分类，形成川西地区传统村落街巷空间构成及组织谱系图（图6.27）。

3．街巷空间构成及组织谱系总体特征

（1）川西地区树枝状街巷村落较多，受坡地地形影响形成，分布较广。

川西地区村落受各民族文化影响较大，缺少整体规划，按规则和秩序性布局较少，多自由式布局。同时，受山地、坡地地形影响较大，建筑分布较为分散、自由，街巷组织也因此呈现出较为自由分散的树枝状。树枝状村落较多，共28个，空间分布较广。

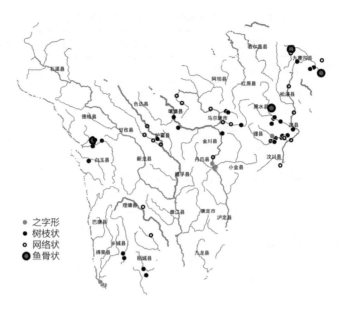

图6.27 川西地区传统村落街巷空间构成及组织谱系示意图

（2）川西地区网络状街巷村落较多，主要集中在317国道沿线。

网络状街巷组织的村落主要沿317国道分布，共15个，占该类型总数的
60%。村落受茶马古道影响较大，选址于地形坡度小的平坝或河谷地区，村落人
口规模较大，建筑集聚程度较高，街巷空间网络状组织（图6.28）。

（3）川西地区之字形街巷村落较特殊，主要集中在丹巴县和得荣县。

之字形街巷组织的村落集中分布在丹巴县和得荣县，共9个，占该类型总
数的90%。村落选址于河谷两侧陡峭坡地，垂直落差大，坡度较大，同时建筑
分散，呈组团状或散点状分布，街巷空间依靠多个之字形道路进行连接和组织
（图6.29）。

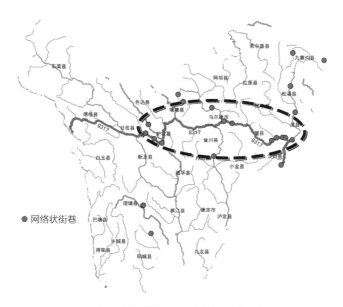

图6.28 网络状街巷组织村落分布示意图

图6.29 之字形街巷组织村落分布示意图

第7章　川西地区传统村落建筑
布局及形态图谱

7.1 传统村落建筑功能图谱

7.1.1 传统村落建筑功能分类

川西地区传统村落除各式各样的民居建筑外，还有很多历史悠久、地位重要的公共建筑。这些建筑服务于村民的日常生活，承担着整个村落的公共职能。根据不同的建筑功能，以及传达的特殊意义，这些建筑可以分为4种类型：具有行政管理职能的行政建筑，满足地区及村民日常生活需求的商业建筑，抵御外敌保护村民的防御建筑，承担村民精神信仰的宗教建筑。

1. 行政建筑

行政建筑是指当地管理人员进行政务处理、交流洽谈的场所。为维护地区的和平发展，出现越来越多的行政管理机构，有中央王朝设置统治机构、地方部落王朝，也有土司自治管理，形成了众多的行政建筑。

（1）土司官寨

自元代开始川西地区部分区域就产生土司制度，是当时中央王朝为治理西南少数民族地区所采取的主要手段。不同区域拥有自己的土司。土司官寨主要是指土司居住办公的地方，是土司权利和地位的象征。

马尔康的卓克基土司官寨保存较好，官寨位于马尔康市西索村内，受山貌地势的影响，官寨位于群山环抱之中，依山势而建，与周边错落有致的村落建筑融为一体。相较于低矮的民居建筑，土司官寨作为一个村落的政治中心，占据村落高地倚山而立，高大雄伟，庄重肃穆，显示出土司的威严。

（2）筹边楼

唐朝年间，由于南诏和吐蕃王朝对西南方的侵扰，朝廷调兵遣将前往西南地区，整治军队、修筑城池。筹边楼修建于一天然岩石顶上，可登高望远，了解战情，也可威慑四方。建筑坐北朝南，穿斗木结构，歇山屋顶，汉族传统风貌。该楼历经千年风雨仍巍然挺立，它不仅是唐代中央与吐蕃对峙所修建的防御建筑，而且是将该地区纳入中央王朝统治的象征。

2．商业建筑

在传统村落中，农业经济占据主要地位，商品经济不发达。相对而言，商业建筑在整个村落中也分布较少，村民们只能通过固定的区域集市来满足自己的日常生活所需。在地理位置优越、交通便利的地方，逐渐形成了特色鲜明的商业街，并发展成商贸型村落或集镇。

川西地区传统村落中，商业建筑有两种形式：①汉族和羌族结合的村落，例如较场村和老人村，因有茶马古道经过这些村落，在长期民族融合、文化交流的背景下，较场村的商铺受茶马古道的影响，沿街布局，一般为1～2层，户户紧密相连，远远望去，坡屋顶连绵起伏。受汉羌文化影响，较场村内的商铺建筑多为石木结构，有木柱、挑台、雕花门窗、传统的坡屋顶，营造出独特的汉羌融合风貌（图7.1）。②藏族风貌街道，如西索村中，有一条沿着河岸蜿蜒向上的街道，在这条街道，沿街分布着大量的商铺建筑。这类商铺建筑，属于两用的民居住宅，多是下店上宅的，直接面向主街道开门，这些商铺多是为村民的日常生活服务。其建筑带有鲜明的藏式风采，石墙坡顶、独特花窗、墙面民族符号装饰、飘扬的风马旗（图7.2）。

图7.1　理县薛城镇较场村街道

图7.2　马尔康市西索村沿河街道

3．防御建筑

（1）碉楼

川西地区有一种利用当地材料建造的塔状建筑，建筑开窗较少，类似碉堡。碉楼结合自然地形地貌，起着保护村落的防御性作用，也是一个村落的精神象征。川西地区有的村落中碉楼三五成群，有的村落碉楼稀少，有的村落碉楼独立于村落建筑之外，从而彰显出不同村落的防御功能和强度。

传统村落中多以家碉和寨碉为主，按照建筑主体功能的不同，碉楼可分为界碉、纪念碉、庙碉、烽火碉、风水碉等。寨碉高大而分散，家碉矮小而集中。碉楼受当地建筑、石材等影响而各显特色，从砌筑材料而言，以夯土、片石为主，以黄土夯筑而成的称为"土碉"，以片石砌成的称为"石碉"。两类碉楼均高大挺拔，美观坚实。碉楼内部空间狭窄，有可用于瞭望和射击的窗口，防御性极强。碉楼一般高10～30m，有四角、六角、八角等几种形式。

（2）守备衙署

乾隆年间内曾发生大小金川战役，清政府为平定叛乱并进一步瓦解当地的土著势力，采取了一系列的措施，"改土为屯"就是一种降土司为守备，与官并列的策略。守备衙门是按照县衙的标准进行修建的，也用作军事指挥所。

（3）城墙

城墙是一种防御设施，建在村落四周，封闭围合、坚固，高度较高，加上城门、寨门等设施用于抵御外敌入侵。萝卜寨（图7.3）、大城村利用泥土和石块夯筑城墙，建于村落与平地交接处，增强村落整体防御性，城墙高度约5m。

（4）城门

城门是村落的防御设施，与城墙共同组成防御体系，是进入村落的唯一入口，也是村落的象征与标志。位于理县薛城镇较场村的宁江门（图7.4），由石块垒砌而成，墙高5m，宽10m，可进行日常守备、瞭望和军事防御，同时也是边哨关卡，维护商贸线路的秩序。

图7.3　汶川县萝卜寨古城墙　　　　　　　　图7.4　理县较场村宁江门

7.1.2　传统村落建筑功能分区比较

1.羌族文化区

羌族文化区有行政建筑、商业建筑、防御建筑、宗教建筑4种建筑类型，共有村落11个，其中有行政建筑和商业建筑的村落均为2个，有防御建筑的村落为10个，占地区总数的90.9%，有宗教建筑的村落为3个（表7.1）。

羌族文化区传统村落建筑功能特征　　　　　　表7.1

建筑功能类型	村落	数量（个）
行政建筑	较场村、萝卜寨村	2
商业建筑	较场村、老人村	2
防御建筑	桃坪村、增头村、休溪村、小河坝村、四瓦村、阿尔村、萝卜寨村、联合村、较场村、牛尾村	10
宗教建筑	桃坪村、较场村、萝卜寨村	3

（1）防御建筑

羌族文化区共有10个村落拥有防御建筑，在这些防御建筑中，碉楼占据极大比重，其中有8个村落拥有碉楼，分别是桃坪村、增头村、休溪村、小河坝村、四瓦村、阿尔村、联合村、牛尾村。这些碉楼采用当地的建筑材料，以石头垒砌而成，均是石碉。除四瓦村有八角碉楼，小河坝村有十二角碉楼外，其他村落均是四角碉楼（表7.2）。羌族文化区位于藏、汉聚居区之间，各民族空间交错，加之地区自然环境恶劣、资源匮乏，自古以来各村落之间，因为对资源的争夺和信仰的差别，争斗不断。石碉作为主要的防御建筑，分散在各村落中，也是一个村落的视觉焦点和精神象征。

羌族文化区碉楼类型   表7.2

村落	桃坪村	四瓦村	小河坝村
形式	四角碉楼	八角碉楼	六角碉楼
高度（m）	18~28	17	24
图示			

联合村碉楼位于村落南部靠近河流和道路一侧，碉楼与整个村落建筑独立布置，由村路相联系，是战时的重要防御建筑。联合村的四角碉楼，整体呈梯形，从底层到顶层，逐层减小。从碉楼的平面尺寸来看，一层为5.8m×5.8m的方形，是面积最大的一层，碉楼到顶部逐渐收缩，形成了3.5m×3.5m的方形。碉楼整体高度为33.6m，四面纵向开窗8~9个，在顶部形成一个小的退台空间，可用来进行瞭望、传递信号（图7.5）。碉楼内部为木头搭建的骨架，木质楼梯狭小陡峭将各层空间相连。内部空间除放置武器外，还可用来存放粮食。

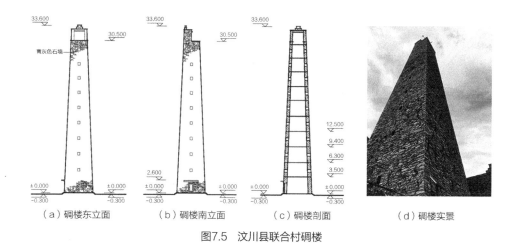

（a）碉楼东立面　　（b）碉楼南立面　　（c）碉楼剖面　　（d）碉楼实景

图7.5　汶川县联合村碉楼

（2）商业建筑

羌族文化区中，较场村和老人村都拥有商业建筑。从唐代开始，茶马古道沿途经过的村庄，因停留或餐饮的需求，沿茶马古道两边商铺逐渐聚集起来，从而形成商业街。为适应商业经营和居住生活的需要，主街住户通常形成了前店后宅或下店上宅的两用店居型住宅。有些居住建筑，将临街的下房作为商铺，把后面几进改为仓库等商储空间，而人的起居生活空间移至二、三层，下店上宅的布局形式由此而来。店铺直接面向主街道开门，形成进深大、面宽窄、密度高的联排式布局。受汉族文化影响，房屋多为穿斗式木架结构，坡屋顶小青瓦，具有明显的汉族风貌。

汶川县老人村位于高山峡谷地区，岷江支流寿溪河贯穿村落，自古以来便是商贸重地，禅寿老街也就此兴盛繁华起来。老街建在曾经茶马古道通过的地方，全长1300m，整个街道呈U形分布，大约住着200户人家，也是现今村内最为集中热闹的街道。街道两侧不仅仅是商铺建筑，还有春风阁、万年台等文娱建筑，木廊山墙，雅脊飞檐，雕花门窗（图7.6a）。

较场村的商业街宽约7m，长1300余米。一字形布局街道疏密相接，建筑较为密集的地方会有突出的封火山墙，封火山墙的高低错落与脊檐的柔和曲线一起

（a）汶川县老人村禅寿老街　　　　　　　　（b）理县较场村街道

图7.6　羌族文化区传统村落商业街

打破了线性街道的单调。联排式店宅，每户沿街开间较小，沿主街方向较小的店面只有一开间，大的可达三开间，平面布局特点为向纵深方向狭长发展，楼层局部有向外挑出的窗台或阳台，街道内有多棵古树分布（图7.6b）。

2. 嘉绒藏族文化区

嘉绒藏族文化区有行政建筑、商业建筑、防御建筑、宗教建筑、无公共建筑5种建筑类型，共有村落20个，其中有行政建筑的村落3个，有商业建筑的村落1个，有防御建筑的村落11个，占地区总数的55%，有宗教建筑的村落7个，占地区总数的35%，无公共建筑的有大别窝村、西苏瓜子村、丛恩村、知木林村，共计4个村落（表7.3）。

嘉绒藏族文化区传统村落建筑功能特征　　　　　　表7.3

建筑功能类型	村落	数量（个）
行政建筑	西索村、尕兰村、直波村	3
商业建筑	西索村	1
防御建筑	加斯满村、甘堡村、沙吉村、直波村、尕兰村、莫洛村、妖枯村、宋达村、克格依村、波色龙村、齐鲁村	11
宗教建筑	西索村、直波村、色尔米村、尕兰村、春口村、代基村、色尔古村	7
无公共建筑	大别窝村、西苏瓜子村、丛恩村、知木林村	4

（1）行政建筑

嘉绒藏族文化区中，土司官寨保存较好，形成了 3 处官寨与民居结合的村落，分别坐落于西索村、尕兰村、直波村。土司官寨是区域管辖首领的办公、居住场所，是典型的行政建筑。

卓克基官寨是其中的典型代表，青石、黄泥、木材是主要的建筑材料，石墙和木廊结合，形成内院式布局，充分展现了藏、汉建筑艺术的巧妙融合。官寨由高大的石木楼房组合而成，除南面建筑仅有 2 层外，东西北三面建筑均有 4～5 层。中间形成顶部开放的内天井，整个平面布局回字形，南面二楼屋顶为藏式平楼，是官寨入口，入口处设置影壁，二层以上平面布局凹字形。从功能上看，一层是主要生活场所，包括仆役的起居、伙房等，天井规模较大超过 $100m^2$，可举行盛大活动；二层、三层是土司行政活动和家庭起居的场所，设置会客厅、起居室、卧室等，较私密；四层、五层供佛和进行宗教活动，包括供佛大殿、斋房等。

（2）防御建筑

大大小小的战役曾在川西爆发，乾隆时期的大小金川战役就发生在嘉绒片区。因为战事多，防御建筑显得尤为重要，在嘉绒藏族文化区 20 个传统村落中，有 11 个村落现今还保留着完善的防御建筑，如碉楼、守备衙署等。11 个村落都拥有碉楼，且都是石碉。

加斯满村依山而建，傍水而居，是于明末清初自然形成的村落。日斯满巴碉楼是一座典型的藏族传统民居碉房。碉楼依山势而建，呈长方形布局，北高南低，碉楼是实木结构，共有 9 层，高达 25m，建筑面积共 $780m^2$。第二层起层层向内退而形成露台，北面的石墙直通顶部，碉楼顶层面积约为底层面积的 1/6，十分壮观精美。第二层开始，每层设有木质走廊，可以用于乘凉或者晾晒粮食，每层有若干小窗户和一扇大窗户，具有瞭望和观察的作用，是村落重要的精神象征和图腾（表7.4）。

直波村位于梭磨河东岸，整体村落依山势分散布局，有南北两座八角碉楼。

碉楼平面八角星形，内部圆形，整栋建筑由下往上渐渐收缩呈锥体，碉楼高度达43m，底层平面面积为38m²，共有13层。碉楼内部主要由木头搭建，并用木梯相连，墙体厚实而微微向内倾斜，四层以上开有可以用于采光和瞭望的藏式斗窗。

莫洛村内共有6座四角碉楼，1座五角碉楼，1座八角碉楼，高度均在20m以上。四角碉楼表面的横线条，传说代表了东女国女王的权力。五角碉楼，除东面有三个梳子状的角外，其余三面与四角碉楼相似。

嘉绒藏族文化区碉楼类型　　　　　　　　表7.4

村落	加斯满村	直波村	莫洛村	齐鲁村
形式	日斯满巴碉楼	八角碉楼	八角碉楼	宅碉
高度（m）	25	43	20	20
图示				

3．安多藏族文化区

安多藏族文化区有行政建筑、防御建筑、宗教建筑、无公共建筑4种建筑类型，其中有宗教建筑的村落有7个，占地区总数的64%，有行政建筑的村落1个（修卡村），有防御建筑的村落1个（大城村），无公共建筑类型的村落有2个（中查村、苗州村）（表7.5）。

安多藏族文化区，宗教建筑较多，类型较丰富，有藏族大型寺院、藏族村属寺庙和汉族寺庙，体现了民族迁移和民族融合的结果，也展现了当地多民族混居的生活状况。不同民族拥有各自的信仰，他们彼此尊重。

建筑功能类型	村落	数量（个）
行政建筑	修卡村	1
防御建筑	大城村	1
宗教建筑	茸木达村、壤塘村、大寨村、下草地村、大录村、东北村、大屯村	7
无公共建筑	中查村、苗州村	2

安多藏族文化区传统村落建筑功能类型　　表7.5

4. 康巴藏族文化区

嘉绒藏族文化区有行政建筑、商业建筑、防御建筑、宗教建筑、无公共建筑5种建筑类型，其中有宗教建筑的村落有12个，占地区总数的48%，无公共建筑类型的村落有11个，占地区总数的44%，有行政建筑的村，1个，有商业建筑的村落有1个，有防御建筑的村落有色尔宫村、马色村，共2个（表7.6）。

康巴藏族文化区传统村落建筑功能特征　　表7.6

建筑功能类型	村落	数量（个）
行政建筑	朱倭村	1
商业建筑	车马村	1
防御建筑	色尔宫村、马色村	2
宗教建筑	麻通村、帮帮村、下比沙村、亚丁村、仲堆村、车马村、德西一村、德西二村、德西三村、查卡村、修贡村、朱倭村	12
无公共建筑	边坝村、龚巴村、八子斯热村、阿称村、子实村、子庚村、洛贡村、古西村、七湾村、然柳村、仲德村	11

康巴藏族文化区中有11个村落没有行政、商业、防御、宗教等公共建筑，这些村落主要集中在得荣县、乡城县、炉霍县，如仲堆村（图7.7a）、古西村（图7.7b）。该类型村落受高海拔地域的影响，交通不便，对外交流较少，村落均属于典型的农牧村落，比较安稳平静，村民日出而作、日落而息，相互协作，农牧

（a）稻城县仲堆村鸟瞰　　　　　　　　　（b）炉霍县古西村鸟瞰

图7.7　康巴藏族文化区无公共建筑村落

业十分成熟。村落建筑为民居建筑，分散布置，松散联系。

5．传统村落建筑功能分区比较

（1）羌族文化区受防御需求和民族融合影响，村落建筑功能为防御和多功能。

羌族文化区处于汉、藏聚居区之间，村落的营造注重防御性，村落多设有防御性的碉楼。同时由于与汉族聚居区接壤，受汉族文化影响，村内有少量汉族寺庙。茶马古道从区域经过，在河谷地区形成了包括商业、行政、宗教等功能的多功能村落（表7.7）。

川西地区传统村落建筑功能分区特征　　　　　　　　表7.7

文化区	主要类型	特征	影响因素
羌族 文化区	防御建筑 商业建筑	建筑功能共有4种； 防御建筑占地区总数90.9%； 商业建筑村落2个； 部分多功能建筑村落	处于汉、藏聚居区之间，注重防御性， 村落多设碉楼； 与汉族聚居区接壤，受汉族文化影响； 受茶马古道的影响，形成商业功能建筑
嘉绒藏族 文化区	防御建筑 宗教建筑	建筑功能共有5种； 防御建筑占地区总数55%； 宗教建筑占地区总数35%； 部分多功能建筑村落	处于汉、藏、羌交界处，注重防御性， 村落多设有碉楼； 北部区域受藏传佛教影响，多寺庙建筑； 马尔康市清代归土司管辖，形成以行政 功能为主导的多功能建筑

续表

文化区	主要类型	特征	影响因素
安多藏族文化区	宗教建筑	建筑功能共有3种； 宗教建筑占地区总数63.6%	寺庙较多，村落多宗教建筑； 壤塘县多藏族寺庙，九寨沟县有汉族寺庙
康巴藏族文化区	宗教建筑 无公共建筑	建筑功能共有5种： 宗教建筑占地区总数40%； 无公共建筑占地区总数48%	寺庙较多，村落多宗教建筑； 地域辽阔，耕地较多，村落多沿耕地聚居，人口少集聚性弱，村内无公共建筑

（2）嘉绒藏族文化区受防御需求和宗教的影响，村落建筑功能为防御、宗教和多功能。

嘉绒藏族文化区处于汉、藏、羌交界地带，村落营造注重防御性，村落多设有防御性的碉楼和碉房。文化区北部受藏族佛教影响，形成较多大型寺庙建筑。马尔康由于清代归土司管辖，形成以行政功能为主导的多功能建筑。

（3）安多藏族文化区受宗教的影响，村落建筑功能为宗教。

安多藏族文化区内藏传佛教兴盛，寺庙较多，多为藏族寺庙。九寨沟县、松潘县部分地区因历史原因，汉族人口较多，受汉族文化影响较大，村落内有少量汉族寺庙。

（4）康巴藏族文化区受宗教和农耕生产的影响，村落公共建筑功能为宗教，有的村落无公共建筑。

康巴藏族文化区受藏传佛教影响，村落多宗教建筑。同时，由于地域辽阔，耕地充足，但村落居住人口较少，村落随耕地聚居，内聚性较弱，大量村落无公共建筑。

7.1.3　传统村落建筑功能类型比较

1. 防御建筑

防御建筑村落主要在羌族文化区和嘉绒藏族文化区集中分布，其中羌族文化区内防御建筑村落10个，主要分布在理县、茂县和汶川县。嘉绒藏族文化区内防御建筑村落8个，主要分布在丹巴县、理县和马尔康市。羌族文化区内的防御建筑村落保留有碉楼、寨门、寨墙等防御构筑物，碉楼依山势而建，石头砌筑，层数较低，多为矩形。嘉绒藏族文化区内的防御建筑村落保留有碉楼、守备衙署等，碉楼数量较多，碉楼依山而建，石头砌筑，层数较高，碉楼形状较多（表7.8）。

川西地区传统村落防御建筑特征比较　　　　　　　　　　表7.8

分布地区	理县、茂县、汶川县	丹巴县、理县、马尔康市
文化区	羌族文化区	嘉绒藏族文化区
村落数量（个）	10	8
特征	1. 防御性建筑寨门、碉楼； 2. 碉楼依山势而建，石头砌筑，层数较低； 3. 多为矩形，碉楼数量较少	1. 防御性建筑，有碉楼、守备衙署等； 2. 碉楼依山势而建，石头砌筑，层数较高； 3. 形状丰富，碉楼数量较多

2. 商业建筑

有商业建筑的村落3个，主要在羌族文化区内分布。该类型村落为茶马古道沿途经过的村庄，因停留或餐饮的需求，沿茶马古道两边出现商铺，从而形成商业街。羌族地区村落的商业建筑离汉族地区较近，具有明显的汉族风貌。此外西索村和车马村也形成了一定的商业建筑，是藏族风貌建筑。

3. 无公共建筑

无公共建筑村落17个，主要在康巴藏族文化区和安多藏族文化区内分布。康巴藏族文化区无公共建筑村落11个，这些村落主要集中在得荣县、乡城县、炉霍县，村落均属于典型的农牧村落，民居建筑，分散布置，松散联系，无公共建筑。安多藏族文化区和部分黑水县的村落，沿坡地地形布局，以农耕为主，无公共建筑。

7.1.4　传统村落建筑功能谱系总结

1．建筑功能谱系表

　　川西地区传统村落依据村落拥有的民居建筑外的公共建筑来确定村落建筑功能，按照建筑功能类型及有无可将村落分为行政建筑、商业建筑、防御建筑、宗教建筑和无公共建筑5种形式。川西地区建筑功能为宗教建筑和防御建筑的村落最多，行政建筑和商业建筑的村落最少。宗教建筑村落共21个，占总数的31.3%，主要分布在嘉绒文化区、安多文化区和康巴藏族文化区；防御建筑村落共20个，占总数的29.9%，主要分布在羌族文化区和嘉绒藏族文化区；行政建筑村落6个，占总数的8.9%，分布在嘉绒藏族文化区和康巴藏族文化区；商业建筑村落3个，占总数的4.5%，分布在羌族文化区；无公共建筑村落共17个，占总数的25.4%，主要分布在嘉绒藏族文化区和康巴藏族文化区（表7.9）。

川西地区传统村落建筑功能谱系表　　　　　表7.9

类型	村落	数量（个）	占比	主要分布
行政建筑	修卡村、西索村、直波村、尕兰村、萝卜寨、朱倭村	6	8.9%	康巴藏族文化区、嘉绒藏族文化区
商业建筑	老人村、较场村、车马村	3	4.5%	羌族文化区
防御建筑	加斯满村、大城村、甘堡村、休溪村、沙吉村、增头村、小河坝村、四瓦村、牛尾村、阿尔村、联合村、莫洛村、齐鲁村、妖枯村、宋达村、克格依村、波色龙村、色尔宫村、马色村、桃坪村	20	29.9%	羌族文化区、嘉绒藏族文化区
宗教建筑	茸木达村、壤塘村、色尔古村、大寨村、下草地村、大录村、东北村、色尔米村、春口村、代基村、大屯村、麻通村、帮帮村、下比沙村、亚丁村、仲堆村、德西二村、德西三村、德西一村、查卡村、修贡村	21	31.3%	嘉绒藏族文化区、安多藏族文化区和康巴藏族文化区

类型	村落	数量(个)	占比	主要分布
无公共建筑	大别窝村、西苏瓜子村、知木林村、中查村、苗州村、丛恩村、边坝村、龚巴村、八子斯热村、阿称村、子实村、子庚村、阿洛贡村、古西村、七湾村、然柳村、仲德村	17	25.4%	嘉绒藏族文化区、康巴藏族文化区

2. 建筑功能谱系图

将川西地区传统村落建筑功能类型与该村落的空间信息叠合，利用GIS进行类型重分类，形成川西地区传统村落建筑功能谱系图。

3. 建筑功能谱系总体特征

（1）川西地区有防御建筑的村落较多，集中分布在羌族文化区和嘉绒藏族文化区。

防御建筑是村落为抵御入侵而修建的人工构筑物，包括城墙、城门、碉楼等。川西地区有防御建筑的村落较多，共20个，其中17个分布在羌族文化区和嘉绒藏族文化区，占该类型总数的85%。该地区是藏、羌、汉交界地区，防御建筑较多（图7.8）。

（2）川西地区无公共建筑的村落较多，集中分布康巴藏族文化区。

无公共建筑指除民居外无成规模的用于公共活动的构筑物，川西地区无公共建筑的村落集中分布在康巴藏族文化区的白玉县、炉霍县、乡城县和得荣县，共12个，占该类型总数的70.6%。该区域以农耕生产为主，民居建筑少且布局分散，村落组织无秩序无核心，缺乏公共建筑（图7.9）。

（3）川西地区有部分多功能建筑的村落，均为茶马古道重要的驿站和节点。

川西地区部分村落建筑功能较多，包括行政、商贸、宗教、防御等，这些村落均分布在茶马古道上，是重要的驿站和节点。其中部分村落还是土司居住和生活的地方，有行政功能，如西索村、直波村、孕兰村、朱倭村。

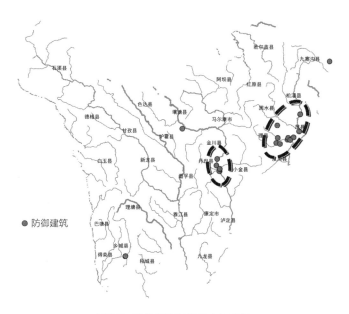

图7.8　防御建筑村落分布示意图

图7.9　无公共建筑村落分布示意图

7.2 传统村落建筑布局图谱

7.2.1 传统村落建筑布局分类

传统村落建筑布局主要指村落建筑的整体组合特征，描述村落建筑组合排列的布局方式。川西地区有平原、丘陵、高山等多种地貌，地形因素对建筑整体空间布局有较大的影响。同时，川西地区民族文化观念、防御需求也对建筑整体布局有重要影响。川西地区传统村落建筑布局可分为点状、沿等高线线性、沿河流线性、沿道路线性、街巷网络和自由布局6种形式（表7.10）。

川西地区建筑布局类型 表7.10

布局形式	主要特征	图示	典型村落
点状布局	建筑多为自由分散布置，朝向不统一		莫洛村、宋达村、朱倭村、然柳村
沿等高线线性布局	建筑沿等高线连续排列，朝向垂直等高线		帮帮村、沙吉村、大寨村
沿河流线性布局	建筑沿河流连续排列		联合村、直波村
沿道路线性布局	建筑沿道路连续排列		仲堆村、知木林村

布局形式	主要特征	图示	典型村落
街巷网络布局	利用网络街巷进行布局，形成团块状		萝卜寨村、车马村
自由布局	顺应地形，建筑布局较自由，但整体布局紧凑，形成团块状		春口村、茸木达村

1. 点状布局

村落内各建筑随意布置，相互之间少有制约或联系，建筑朝向也不尽相同，村内道路随地势自由伸展，如树枝状伸向各家各户，建筑整体平面空间呈现相对均匀的分布，多分布在地势平坦区，建筑多为院落式，如炉霍县朱倭村、然柳村。部分地区村落受地形条件限制，建筑主要在竖向上沿等高线点状布局，建筑多为独栋建筑，如丹巴县莫洛村、宋达村。

2. 沿等高线线性布局

川西地区地形丰富，村落多分布在山地，建筑沿等高线线性布置，道路也依附等高线布置，多形成之字形或鱼骨形路网。建筑沿等高线布局时，在竖向空间形成错落有致的退台布局，建筑朝向统一，排列有序整齐，如帮帮村、沙吉村、大寨村。

3. 沿河流线性布局

村落择水而聚，建筑多沿河流连续排列，并向内延伸形成街巷，部分村落规模较大形成街巷网络，建筑按此规律多集中布局，形成带状和团状，如联合村、直波村。

4．沿道路线性布局

村落依托道路聚集，在道路两侧布置建筑，并沿道路线性发展。部分村落依托主要道路向两侧延伸支状道路，并布置建筑，整体仍呈现沿道路线性布局，如仲堆村、知木林村。

5．街巷网络布局

村落选址于地势平坦的地区，集中分布且规模较大，形成团块状布局，通过网络状街巷沿路布置建筑，建筑朝向统一，一般大门朝向街道，整体布局相对整齐有序，如萝卜寨村、车马村。

6．自由布局

部分团块状村落，建筑布局紧凑密集，受地形限制无法形成网络状街巷，建筑自由布局。地形平坦之处建筑依托街巷布局，靠近山体的坡地建筑依山就势，层层叠叠自由布局，如春口村、茸木达村。

7.2.2　传统村落建筑布局分区比较

1．羌族文化区特征

由于用地受限和防御文化观念的影响，大部分羌族村落建筑整体布局集中紧凑，建筑有序排列，朝向统一。羌族文化区建筑有沿道路线性布局、沿等高线线性布局和街巷网络布局3种类型。其中，街巷网络布局有5个，占地区总数的45.5%，沿道路线性布局有2个；沿等高线线性布局有4个（表7.11）。

羌族文化区传统村落建筑布局特征　　　　　　　　　　　　　表7.11

布局形式	村落	数量（个）
沿道路线性布局	较场村、老人村	2
沿等高线线性布局	四瓦村、小河坝村、增头村、休溪村	4
街巷网络布局	萝卜寨村、牛尾村、桃坪村、阿尔村、联合村	5

（1）沿道路线性布局

羌族文化区建筑沿道路线形布局的村落大多选址于河谷，形成面向河谷的集中带形分布，易形成街道，垂直或平行街道形成次要巷道，建筑面向街道线性布局，如较场村（图7.10）、老人村。

（2）沿等高线线性布局

羌族文化区沿等高线布局的村落，选址于较为陡峭的坡地上，建筑布局呈集中团状或者较密集的组团布局，防御性较强，建筑均沿等高线线性布局，背山面谷，建筑层层退台，朝向深谷。

小河坝村地处高山峡谷，海拔2000～2500m，是羌族地区高山村落的典型代表。建筑多为2～3层的石筑碉房，建筑较集中布局，像鹰嘴一样，故名鹰嘴河。整个寨子的建筑都是当地山石和黄泥砌筑而成，居于不同标高的台地上，沿等高线布局，层层叠叠，错落有致，增强防御性，建筑与环境浑然一体（图7.11）。为提高防御性，在修建碉楼的同时，修建大量隐蔽的连接通道，但经过地震及人为破坏，只是在某些老宅内还能隐约看见通道的形状。此外，村落利用高山坚硬的石头修建了碉楼88处，至今仍保存了9处，分布较集中，是现存最大的羌碉群组。

图7.10　理县较场村建筑布局

图7.11　茂县小河坝村建筑布局

（3）街巷网络布局

羌族文化区街巷网络布局的村落大多选址于河谷谷地和距河道一定高度的高山台地，建筑背山面谷或面水布局，排列整齐集中，易形成房前屋后的街巷，防御性较强的村落还有暗巷，共同构成街巷网络，如萝卜寨村、联合村（图7.12）。

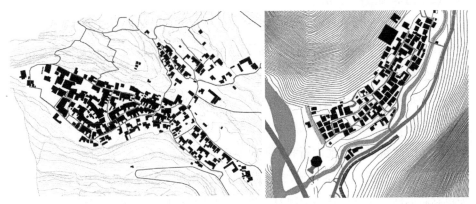

（a）汶川县萝卜寨村建筑布局　　　　　　　　（b）汶川县联合村建筑布局

图7.12　羌族文化区建筑街巷网络布局

2. 嘉绒藏族文化区特征

嘉绒藏族文化区传统村落建筑共有点状布局、沿河流线性布局、沿等高线线性布局、自由布局、街巷网络式布局5种布局模式。其中，点状布局村落8个，占地区总数的40%；沿等高线布局村落6个；占地区总数的30%（表7.12）。

嘉绒藏族文化区传统村落建筑布局特征　　　　表7.12

布局形式	村落	数量（个）
点状布局	莫洛村、宋达村、妖枯村、波色龙村、克格依村、尕兰村、丛恩村、色尔米村	8
沿河流线性布局	齐鲁村、知木林村、直波村	3
沿等高线线性布局	色尔古村、西苏瓜子村、甘堡村、大别窝村、沙吉村、加斯满村	6

布局形式	村落	数量(个)
街巷网络布局	代基村、西索村	2
自由布局	春口村	1

（1）点状布局

嘉绒藏族文化区点状布局村落大多选址于河谷两侧，主要有2种形式：①河谷坡地形点状。村落选址于河谷坡地，坡度较大，建筑多沿等高线分散点状布置，朝向统一均面向河谷，如莫洛村、宋达村（图7.13）、妖枯村、波色龙村。②平坝点状。此外部分村落选址于河谷台地或河谷平坝地区，地势相对平坦，形成平地式点状布局，建筑自由布置但相对均匀，如尕兰村、克格依村、丛恩村、色尔米村。

（2）沿等高线线性布局

嘉绒藏族文化区沿等高线线性布局的村落主要沿大江大河分布，建筑主要分布在黑水县和理县，紧邻羌族文化区，建筑布局与羌族相似。建筑统一面向河流，布局较紧凑密集，一般沿等高线退台布置，坡度较大且防御性较强，如色尔古村、大别窝村（图7.14）、西苏瓜子村、甘堡村、加斯满村。沙吉村建筑相对分散，与河流距离较远但视线可达，建筑面向河谷布局。

图7.13　丹巴县宋达村建筑布局

图7.14　黑水县大别窝村建筑布局

（3）沿河流线性布局

沿河流线性布局的村落受山体、河流挤压影响，用地限制多呈带状，建筑沿河流线性布局，建筑多面朝河流，少量建筑沿等高线退台式布置，如齐鲁村、直波村。

3. 安多藏族文化区特征

安多藏区村落建筑布局形式多样，有沿等高线线性布局、沿河流线性布局、街巷网络布局、自由布局4种。其中，沿等高线线性布局村落有6个，占地区总数的54.5%；街巷网络布局的村落有3个（表7.13）。

安多藏族文化区建筑布局特征   表7.13

布局形式	村落	数量（个）
沿等高线线性布局	修卡村、大录村、中查村、大寨村、下草地村、苗州村	6
沿河流线性布局	东北村	1
街巷网络布局	壤塘村、大城村、大屯村	3
自由布局	茸木达村	1

安多藏族文化区大部分村落选址于坡地，建筑多为沿等高线线性布局。建筑布置集中紧凑，沿等高线退台式布置，建筑统一均面向河谷，易形成平行等高线的巷道，如大寨村（图7.15）、大录村、苗州村、下草地村（图7.16）等。

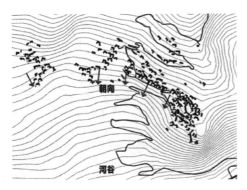

图7.15　九寨沟县大寨村建筑布局

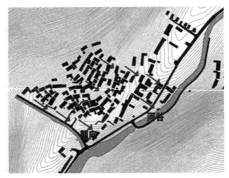

图7.16　九寨沟县下草地村建筑布局

4.康巴藏族文化区特征

康巴藏族文化区村落有点状布局、沿等高线线性布局、自由式布局、街巷网络布局。其中，绝大多数为点状布局，共18个，占地区总数的72%；街巷网络布局村落4个，集中在理塘县（表7.14）。

康巴藏族文化区建筑布局特征　　　　　　　　　表7.14

布局形式	村落	数量(个)
点状布局	八子斯热村、子庚村、子实村、阿称村、阿洛贡村、边坝村、麻通村、龚巴村、查卡村、下比沙村、仲德村、马色村、色尔宫村、仲堆村、古西村、朱倭村、七湾村、然柳村	18
沿等高线线性布局	帮帮村、修贡村	2
自由式布局	亚丁村	1
街巷网络布局	车马村、德西二村、德西三村、德西一村	4

（1）点状布局

点状式布局的村落一般选址于用地面积较大的缓坡或高原平坝，建筑整体布局相对松散，单体规模较大，每栋建筑独栋或附带院落，分散独立布置，建筑组织无明显秩序。

由于每个地区地形地貌和生活习惯的不同，建筑点状布局特征又呈现出细微的差别。得荣县村落选址于金沙江两岸的高山坡地，远水靠山，地形坡度较大，形成多个分散小组团，组团间距较大，每个组团内建筑沿等高线点状分布，呈现河谷坡地点状，如八子斯热村、子庚村、子实村、阿称村（图7.17）。白玉县村落选址于河谷平坝，耕地充足面积较大，建筑分散布置在耕地之中，建筑间距较大，呈现河谷平坝点状布局，由于放牧需要，每家建筑均有较大院落，如边坝村、麻通村（图7.18）、龚巴村、查卡村、下比沙村。乡城县和稻城县村落选址于河谷平台，用地平坦，建筑布局分散，多带院落，如仲德村、马色村、色尔宫村、仲堆村。炉霍县村落多选址高原平坝地区，地势开阔，耕地较多，建筑多集

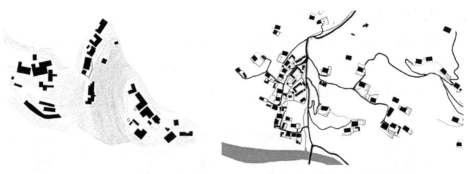

图7.17　得荣县阿称村建筑布局　　　　图7.18　白玉县麻通村建筑布局

聚布置，但仍是独栋点状布局，建筑之间有一定的空隙但间距较小，部分密集集聚，该地区村落建筑院落较少，如古西村、朱倭村、七湾村、然柳村。

（2）街巷布局

街巷网络式布局的村落位于理塘县。该地区是平坦高原平坝地区，村落规模较大，由于受茶马古道影响，易形成商业贸易的街道，建筑沿街巷连续排列，面向街巷开门，同时大部分建筑设置院落，如车马村。

5．传统村落建筑布局分区比较

（1）羌族文化区受防御因素影响，建筑布局多表现为沿等高线线性布局和街巷网络布局

羌族文化区处于汉、藏聚居区之间，村落无论是选址还是布局都有很强的防御性。选址在平坝处，村落呈团块状，形成一个防御整体，建筑街巷网络布局。选址在高山上的村落，受地形限制，建筑小聚集，沿等高线线性布局。羌族文化区是茶马古道率先经过的区域，形成少量茶马贸易街道，建筑沿道路线性布局（表7.15）。

（2）嘉绒藏族文化区受防御因素影响，建筑布局多表现为沿等高线线性布局和点状布局。

嘉绒藏族文化区同样处于汉、藏、羌交界地带，选址布局需考虑防御要求。紧邻羌族的黑水县、理县，村落多布局在坡地山腰，建筑沿等高线布局，形成紧

川西地区传统村落建筑布局分区特征　　　　表7.15

文化区	主要类型	特征	影响因素
羌族文化区	沿等高线线性布局 街巷网络布局 沿道路线性布局	1. 建筑布局类型共有3种; 2. 街巷网络布局占地区总数的45.5%, 沿等高线线性布局的占地区总数的36.4%; 3. 沿道路线性布局型数量最少, 区内特有	1. 村落选址、布局具有很强的防御性; 2. 选址高山村落, 建筑沿等高线线性布局, 选址平坝村落, 建筑沿街巷网络布局; 茶马古道经过, 建筑沿道路线性布局
嘉绒藏族文化区	点状布局 沿等高线线性布局	1. 选址类型共有5种; 2. 点状布局占地区总数的40%, 沿等高线线性布局占地区总数的30%	1. 村落选址、布局具有很强的防御性; 2. 丹巴县村落选址河谷陡坡, 散点状; 3. 黑水县河谷山腰处, 团状, 沿等高线线性布局
安多藏族文化区	沿等高线线性布局 街巷网络布局	1. 选址类型共有4种; 2. 沿等高线线性布局的占地区总数的54.5%, 街巷网络布局的占地区总数的27.3%	1. 村落人口规模大, 选址高山坡地, 集聚, 建筑沿等高线线性布局; 2. 选址河谷平坝区域, 呈团块状, 建筑沿街巷网络布局
康巴藏族文化区	点状布局 街巷网络布局型	1. 选址类型共有4种, 2. 点状布局占地区总数的72.0%, 街巷网络布局占地区总数的16.0%	1. 用地平坦, 村落人口少, 建筑分散, 呈点状布局; 2. 得荣选址河谷坡地, 分散点状布局; 理塘团状聚集, 街巷网络布局

凑团状, 增强防御性。丹巴县村落选址在大渡河两岸, 河谷陡坡或者高山上的平台处, 建筑形态散点状分布, 呈点状布局。

（3）安多藏族文化区村落规模大, 并受高山坡地影响, 建筑布局多表现为沿等高线线性布局。

安多藏族文化区多高山峡谷, 村落人口规模较大, 多数村落只能在坡地聚集, 建筑沿等高线线性布局, 四周形成梯田。少量选址于平坝区域的村落, 规模大, 呈团块状, 建筑沿街巷网络布局。

(4) 康巴藏族文化区建设用地平坦，建筑自由布置，建筑布局表现为点状布局。

康巴藏族文化区由于地域辽阔，用地较平坦，多高原平坝和河谷平台，同时由于人口规模较少，村落内各建筑自由布置，相互之间联系性较弱，建筑点状布局。得荣县受坡地地形限制，在陡坡散点布局，在坡地点状布局。理塘县城茶马古道经过形成交易市场，村落团状聚集，建筑街巷网络布局。

7.2.3 传统村落建筑布局类型比较

1. 沿等高线线性布局

建筑沿等高线线性布局型村落主要在羌族文化区、嘉绒藏族文化区和安多文化区内分布，且文化区之间特征有一定差异。羌族文化区有4个，主要分布在茂县和理县，村落主要选址于较为陡峭的坡地上，具有较强防御性，村落呈集中团状或者较密集的组团布局，建筑层层退台，面向深谷。嘉绒藏族文化区共有5个，主要分布在理县和黑水县，紧邻羌族地区，特征相似，村落主要选址于河流两侧的较陡的山坡上，坡度较大，建筑面向河流，布局较紧凑密集，有较强的防御性。安多藏族文化区共有5个，主要分布在九寨沟县，村落大多选址于坡地，建筑面向河流或河谷，布局较紧凑密集，容易形成平行等高线的巷道（表7.16）。

川西地区传统村落建筑沿等高线线性布局特征比较		表7.16
分布地区	茂县、理县	理县、黑水县	九寨沟县
文化区	羌族文化区	嘉绒藏族文化区	安多藏族文化区
村落数量（个）	4	5	5
特征	1. 选址于较为陡峭的坡地上，具有较强防御性； 2. 村落呈集中团状或者较密集的组团布局； 3. 建筑层层退台，面向深谷	1. 村落主要沿河分布； 2. 村落坡度较大且防御性较强； 3. 建筑面向河流，布局较紧凑密集	1. 村落选址于坡地； 2. 建筑面向河流或河谷，布局较紧凑密集； 3. 易形成平行等高线的巷道

2．点状布局

嘉绒藏族文化区丹巴县内的建筑点状布局村落主要选址于河谷两侧坡地，坡度较大，建筑多沿等高线分散点状布置，朝向统一，均面向河谷。而马尔康市内的建筑点状布局村落选址于河谷台地或河谷平坝地区，地势相对平坦，建筑平地式点状布局，自由布置但相对均匀（表7.17）。

康巴藏族文化区得荣县村落选址于金沙江两岸的高山坡地上，远水靠山，地形坡度较大，村落分散成多个小组团，组团之间的间距较大，且组团内建筑沿等高线呈点状分布。白玉县村落选址于河谷平坝，耕地充足且面积较大，建筑分散布置在耕地之中，建筑之间间距较大，每户建筑均有较大院落。乡城县村落选址于河谷平台地带，用地平坦，建筑布局比较分散，多自带院落。炉霍县村落选址于高原平坝地区，地势开阔，耕地较多，建筑多集聚布置，多是独栋点状布局，村落建筑院落较少。

川西地区传统村落建筑点状布局特征比较　　　　　　　　　　表7.17

地区	丹巴县	马尔康市	得荣县	白玉县	乡城县	炉霍县
文化区	嘉绒藏族文化区		康巴藏族文化区			
村落数量（个）	4	3	5	4	5	3
特征	1. 村落选址河谷两侧坡地，坡度较大； 2. 建筑分散点状布置，朝向统一，均面向河谷	1. 村落选址于河谷平坝，地势平坦； 2. 建筑自由布置、点状布局	1. 选址金沙江两岸的高山坡地，坡度较大； 2. 村落分散成小组团； 3. 建筑沿点状布局	1. 选址河谷平坝，耕地充足； 2. 建筑分散布局在耕地之中，间距大； 3. 每家建筑均有较大院落	1. 选址河谷平台； 2. 建筑布局分散； 3. 建筑多带院落	1. 选址高原平坝地区，地势开阔； 2. 建筑多集聚布置，仍独栋点状布局； 3. 村落建筑院落较少

3．街巷网络布局

羌族文化区街巷网络布局村落4个，主要选址于河谷谷地，防御要求高，建筑集聚布局，形成网络街巷，但街巷顺应地势加上暗巷、过街楼形成不规则街巷，建筑沿街巷布局，背山面水。康巴藏族文化区内街巷网络布局村落4个，选址于高原平坝地区，地势平坦，村落规模较大，受茶马古道经过影响，易形成商业贸易的街道，形成网络街巷组织，建筑沿街巷连续排列，面向街巷开门，大部分建筑设置院落（表7.18）。

川西地区传统村落建筑街巷网络布局特征比较   表7.18

分布地区	汶川县、理县	理塘县
文化区	羌族文化区	康巴藏族文化区
村落数量（个）	4	4
特征	1．选址河谷谷地，有防御要求，村落集聚； 2．形成网络街巷，有暗巷，结合地形街巷网络不规则；建筑顺应街巷，背山面水	1．选址高原平坝地区，地势平坦，村落规模较大，形成网络街巷； 2．建筑沿街巷连续排列，面向街巷开门，同时大部分建筑设置院落

4．沿道路线性布局

建筑沿道路线性布局村落作为羌族文化区内独有的一种建筑布局类型，共有2个，全部分布在茶马古道沿线上。具有以下特点：①村落大多选址于河谷，形成面向河谷的集中带状分布；②村内易形成主要街道，以及垂直或平行街道的次要巷道；③建筑面向街道线性布局。

5．沿河流线性布局

建筑沿河流线性布局型村落主要在嘉绒藏族文化区内分布，共有3个。具有以下特点：①村落受山体、河流挤压，用地限制多呈带状；②建筑沿河流线性布局；③建筑多面朝河流，少量建筑沿等高线退台式布置。

7.2.4　传统村落建筑布局谱系总结

1．建筑布局谱系表

川西地区有高原、丘陵、高山等多种地貌，地形因素对建筑整体空间布局有较大的影响。同时川西地区民族文化观念、防御性需求也对建筑整体布局产生一定影响。川西地区传统村落建筑布局可分为点状、沿等高线线性、沿河流线性、沿道路线性、街巷网络和自由布局6种形式，其中建筑点状布局型村落最多，沿道路线性布局型和自由布局型村落最少。建筑点状布局型村落26个，占总数的38.8%，主要分布在嘉绒藏族文化区和康巴藏族文化区；建筑沿等高线线性布局型村落18个，占总数的26.9%，主要分布在羌族文化区、嘉绒藏族文化区和安多藏族文化区；沿河流线性布局型村落4个，占总数的5.9%，主要分布在嘉绒藏族文化区；街巷网络布局型村落14个，占总数的20.9%，主要分布在羌族文化区、嘉绒藏族文化区和康巴藏族文化区；沿道路线性布局型村落2个，占总数的3.0%，全部分布在羌族文化区；自由布局型村落3个，占总数的4.5%（表7.19）。

2．建筑布局谱系图

将川西地区传统村落建筑布局类型与该村落的空间信息叠合，利用GIS进行类型重分类，形成川西地区传统村落建筑布局谱系图。

川西地区传统村落建筑布局谱系表　　　　　　　表7.19

布局形式	村落	数量（个）	占比	主要分布
点状布局	丛恩村、色尔米村、尕兰村、边坝村、麻通村、龚巴村、下比沙村、莫洛村、妖枯村、宋达村、克格依村、波色龙村、仲堆村、八子斯热村、阿称村、子实村、子庚村、阿洛贡村、查卡村、古西村、七湾村、朱倭村、然柳村、仲德村、色尔宫村、马色村	26	38.8%	嘉绒藏族文化区、康巴藏族文化区

布局形式	村落	数量（个）	占比	主要分布
沿等高线线性布局	加斯满村、修卡村、色尔古村、大别窝村、西苏瓜子村、中查村、大寨村、苗州村、下草地村、大录村、甘堡村、休溪村、沙吉村、增头村、小河坝村、四瓦村、帮帮村、修贡村	18	26.9%	羌族文化区、嘉绒藏族文化区、安多藏族文化区
沿河流线性	知木林村、东北村、直波村、齐鲁村	4	5.9%	嘉绒藏族文化区
沿道路线性	较场村、老人村	2	3.0%	羌族文化区
街巷网络布局	壤塘村、大城村、桃坪村、西索村、代基村、牛尾村、大屯村、萝卜寨村、阿尔村、联合村、车马村、德西二村、德西三村、德西一村	14	20.9%	羌族文化区、嘉绒藏族文化区、康巴藏族文化区
自由布局	茸木达村、春口村、亚丁村	3	4.5%	—

3. 建筑布局谱系总体特征

（1）建筑沿等高线线性布局型村落较多，集中分布在羌族文化区和安多藏族文化区。

川西地区东部的羌族和安多藏族文化区为高山峡谷地貌，山体坡度较大。由于村落规模较大，大多数村落只能在坡地聚集，建筑多沿等高线线性分布，共14个村落，占该类型村落的77.8%（图7.19）。

（2）建筑点状布局型村落最多，集中分布在川西地区中部和西部的嘉绒藏族文化区和康巴藏族文化区。

建筑点状布局集中分布在嘉绒和康巴藏族文化区，主要分两种类型（图7.20）：①嘉绒藏族文化区的丹巴县和康巴藏族文化区的得荣县，村落选择河谷坡地，地形坡度较大，建筑点状散布，建筑多为独栋建筑；②康巴藏族文化区其他地区，人口少耕地较多，建筑分散分布，多分布在地势平坦区，建筑多为院落式。

图7.19　建筑沿等高线线性布局村落分布示意图

图7.20　建筑点状布局村落分布示意图

7.3 传统村落建筑形态图谱

7.3.1 传统村落建筑形态分类

川西地区多民族混居，形成了类型丰富的民居建筑，结合当地民族的文化及所处地域自然环境又形成了多样的建筑形态。藏族地区既保存独特民族文化，又与自然适应，藏族地区降雨较少，大部分建筑为平顶建筑，也有少部分因为排水需求在平顶上架设坡顶；羌族位于高山峡谷地区，地处藏、汉聚居区之间，既体现与自然的抗衡和适应，又体现与周边民族的方便与融合；有的地区受汉族文化影响较大，又形成与汉族融合的建筑形态特征。主要有以下7种建筑形态类型：

1．藏族邛笼式碉房

"邛笼"在《后汉书》中已有记载，古代居民垒石为屋，形成居住和防御空间，将此类石砌建筑称为邛笼式碉房。在不断演变过程中，形成了以居住为主的碉房、以防御为主的碉楼、与住宅结合的"宅碉"等。该类建筑均以石墙承重，室内无柱或少柱，墙体向上适当收分，墙体纵横交错连接，整体抗震性较好。建筑多为平屋顶，内部依靠木板进行分层，利用木楼梯室内联系。

2．藏族崩空式藏房

"崩空"又叫"崩科"。由于川西藏族地区为地震多发区，特别是20世纪后期在炉霍等地发生了几次较大的地震，该类型建筑使用逐渐增多。①井干式框架结构，利用圆木或者半圆木重叠组成箱形木墙，四角利用凹榫相扣。②梁柱框架式结构，利用粗大的木材形成梁柱体系，各柱之间利用圆木和半圆木堆叠成木墙。建筑多为2层，底层养殖牲畜，二层生活起居，建筑为全木形式。有的建筑将"崩空"房与土碉和石碉房结合，即底部为碉房，上部为木质"崩空"房。该类型建筑主要分布在康巴藏族文化区北部，即甘孜州北部地区。

3．藏族梁柱体系藏房

藏族梁柱体系藏房指利用木柱和木梁形成木梁框架，作为承重的核心结构，外部墙体形成围护结构或部分承重。建筑多为2~3层，内部依托木柱布局灵活，变化多样。一层养殖牲畜和储藏杂物，二至三层为生活居住功能。建筑外墙一般就地取材，河谷地区多为石块砌筑，平坝平原为夯土墙，主要分布在康巴藏族文化区南部及甘孜州南部。

4. 藏族木架坡顶板屋

该类型建筑受汉族文化影响较大，形成汉藏结合的风貌和形式，主要分布在安多藏族文化区即阿坝州北部。建筑底部为藏式梁柱搭接，上部为穿斗木构架形式，屋顶为双坡屋顶小青瓦，建筑外墙有底部夯土上部木构和全木构两种形式。建筑1～2层，养殖和居住生活分离，一层为居住生活空间，二层主要为储藏空间，部分村落二层也用于居住。

5. 羌族邛笼式碉房

建筑以石块砌筑形成邛笼式石碉房，主要分布在羌族文化区。墙体较厚坚固，是建筑的承重结构，建筑墙体底部最宽，到顶部有少量收分。建筑形体上下变化不大，仅顶部有退台形成罩楼，用于粮食晾晒。为增强防御性，建筑色彩与周围山体颜色一致，多为深灰色，几乎无装饰。只在屋顶或大门上堆放白石，体现对"白石神"的崇拜。建筑顺应地形山势布置，2～5层，底层养殖牲畜堆放杂物，中部为生活居住，顶部为储藏空间。

6. 羌族木框架式碉房

建筑内部形成木梁柱框架体系成为承载结构，夯土形成外墙围护，因外墙多为黄泥做成，习惯称为黄泥羌碉。该类型建筑数量较少，集中分布于汶川县周边地区。建筑形体多为矩形，建筑设置小型院落。建筑2～3层，一层设置堂屋和卧室，建筑后部设置火塘和储藏，二层为居住和储藏，一、二层通过独木楼梯户内连接，三层退台形成罩楼，正面无墙开敞式，与室外相连便于粮食晾晒。建筑装饰较少，以黄黑色为主。

7. 其他建筑形态

川西地区有少量汉族村落，或受汉族文化影响较大的村落，形成了汉族建筑风貌，如大城村、大屯村、较场村。建筑1～3层，双坡屋顶，小青瓦屋面。建筑为穿斗木结构，利用木墙或木板进行室内分隔。建筑平面多为一字形、L形，建筑正面多设置开敞式院坝。

7.3.2 传统村落建筑形态分区比较

1. 羌族文化区特征

羌族文化区传统村落建筑主要可分为羌族邛笼式碉房、羌族木框架式碉房两种。其中羌族邛笼式碉房占比较大，有7个村落，约占地区总数的64%；羌族木框架式碉房2个，占地区总数的18%，还有少量受汉族文化影响的其他建筑形态村落（表7.20）。

羌族文化区传统村落建筑形态特征　　　　　　　　　　　　　表7.20

建筑形态	村落	数量(个)
羌族邛笼式碉房	桃坪村、休溪村、小河坝村、四瓦村、阿尔村、联合村、牛尾村	7
羌族木框架式碉房	增头村、萝卜寨村	2
其他建筑形态	较场村、老人村	2

（1）羌族邛笼式碉房

羌族文化区羌族邛笼式碉房较多，主要特征：①建筑普遍采用本地石材片垒成，形体厚重坚实，犹如一座座小型堡垒，建筑基底面积较小且形体变化较少，仅厚墙收分，在顶层退台；②建筑为石墙承重体系，内部隔墙分隔空间；③建筑外墙为石材自然色，为灰色和深灰，装饰极少，风格朴素，具有鲜明的民族特色；④建筑结合地形布置，有台地、退台、错跌等多种布局形式；⑤建筑2～5层，建筑主要功能，底层为厨房、杂物间等，有单独出入口，二层为主要堂屋和主要卧室，三层以上根据需要设置卧室，粮仓和晒坝等空间。主要分布在杂谷脑河流域及其周边地区，如四瓦村、休溪村、联合村（图7.21）。

　　（a）四瓦村　　　　　　　　　（b）休溪村　　　　　　　　　（c）联合村

图7.21　羌族文化区羌族邛笼式碉房

（2）羌族木框架式碉房

　　羌族木框架式碉房在汶川县城附近分布，羌族文化区主要有增头村和萝卜寨。主要特征：①室内为木梁柱框架，外墙为夯土墙，房屋屋顶仍为密梁平顶，形态上与石碉房类似；②在结构上此类民居主要是木框架承重，土墙部分承重主要是外围护作用，墙体较厚；③建筑外墙上，基本没有装饰，风格简单统一，建筑整体为黄色；④建筑多在入户处设置院落，建筑面向院落开窗，开窗少而且较小，黑色窗框；⑤建筑功能，一层主体建筑外单独设置牲畜圈，主体建筑一层进门为门厅，两侧为卧室，厅后设置火塘厨房，主体建筑二层为卧室和储物间，室内通过活动木楼梯连接，主体建筑三层只有部分建筑为晒台和罩楼，用于粮食晾晒（图7.22）。

　　2. 嘉绒藏族文化区特征

　　嘉绒藏族文化区传统村落建筑形态比较统一，全部为藏族邛笼式碉房，数量20个（表7.21）。但又因所处地理位置不同，在建筑的挑台、建筑的外墙颜色、建筑窗框颜色和建筑装饰色彩等方面又呈现出不同的细节特征，主要分为4个地区，丹巴地区、马尔康南部地区、马尔康北部地区、黑水地区。

　　（1）丹巴地区

　　丹巴境内山脉大多呈南北走向，山高谷深，垂直差较大，建筑多沿河道两侧坡地及平台缓坡分布，并分布了数量众多的碉楼，丹巴也被称为"千碉之国"，

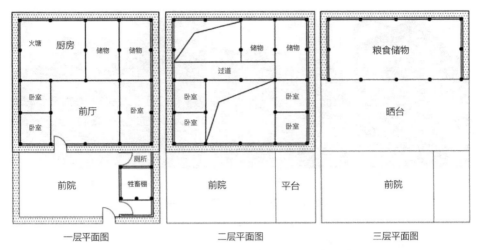

一层平面图　　　　　　　二层平面图　　　　　　　三层平面图

图7.22　羌族文化区萝卜寨村典型民居建筑形态

嘉绒藏族文化区传统村落建筑形态特征　　　　表7.21

建筑形态	村落	数量（个）
藏族邛笼式碉房	加斯满村、色尔古村、大别窝村、西苏瓜子村、知木林村、甘堡村、沙吉村、丛恩村、西索村、直波村、尕兰村、春口村、代基村、莫洛村、齐鲁村、妖枯村、宋达村、克格依村、波色龙、色尔米村	20

丹巴片区藏族邛笼式碉房建筑主要分布在莫洛村、宋达村、波色龙村、克格依村、妖枯村、齐鲁村等。

该地区民居建筑形态主要特征：①建筑为石墙承重的密梁平顶碉房，内部少落柱，多由石墙划分建筑内部空间，由于石墙厚实坚固，建筑形体多高大，防御性较好（图7.23）；②建筑外墙为白色，外观封闭厚重，有较强烈的体量感；③建筑立面向上收分明显，竖向重叠平面逐层递减，形成退台，具有向上的视觉冲击力；④建筑在二层或三层有出挑的阳台、宽度1.2~1.5m，利用木条和木板制成，用于储藏和晾晒；⑤建筑色彩丰富，建筑主体全部为白色，挑台颜色多装饰红色，建筑窗框为黑色，对比强烈，窗框有颜色艳丽的彩色装饰；⑥建筑功能，

图7.23 丹巴地区波色龙村典型民居建筑形态

一层为牲畜用房，二层为锅庄、卧室等生活空间，锅庄是房屋的核心，中间放置火塘，是吃饭、待客、锅庄舞蹈等空间，三层为粮食晾晒，四层设置开敞的经堂。

（2）马尔康南部片区

马尔康南部片区为藏族邛笼式建筑，与丹巴地区的平顶邛笼式建筑不同，其建筑为木架坡顶建筑，主要分布于马尔康南部，如直波村、西索村等。建筑主要特征：①建筑多独立修建，体量较大，上、下各层重叠垒砌，顶层有部分退台，形成凹口或露台空间；②建筑全部为石头砌筑，立面开整齐小窗，窗框有白色线条装饰，造型别致；③建筑外墙为天然的石墙颜色，装饰色彩丰富；④建筑多为两坡坡屋顶，建筑屋顶由于修缮保护和村民自建等影响，建筑屋顶多为红色瓦片，如西索村、色尔米村和春口村，在马尔康草登乡一带，建筑坡屋顶为天然的青石片，如代基村；⑤建筑平面功能与丹巴相似，一层为牲畜用房，二层为生活起居和居住，三层为经堂，也有粮食晾晒的功能（图7.24）。

（3）马尔康北部片区

马尔康北部片区建筑为平顶藏族邛笼式碉房，其建筑形式与丹巴片区及紧邻

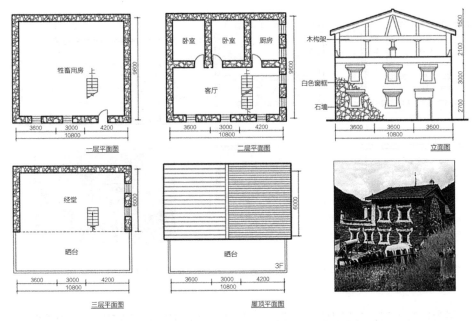

图7.24 马尔康南部地区色尔米村典型民居建筑形态

的安多文化区的壤塘片区较为相似，主要代表村落有加斯满村和从恩村。民居建筑主要特征：①建筑呈矩形，顶部多退台，形成露台和晒台空间；②建筑多有挑出阳台，一般为最上面两层出挑，宽度1～1.2m；③建筑外墙多为石材本身颜色，且装饰色彩较少；④建筑平面功能与丹巴相似，一层为牲畜用房，二层为生活起居和居住，三层为储藏晒台，在露台上设置煨桑台，四层为经堂。

加斯满村建筑形式为方形，建筑屋顶为平顶，建筑基本为3～4层。建筑顺山势布局，背山面谷，沿等高线展开。建筑利用石头砌筑，三层和四层退台处理形成晾晒和祭祀空间。出挑阳台为小圆木上搭木板，四周围护为小圆木或木板，主要用于晾晒青稞等农作物，建筑外形简朴，建筑色彩为浅黄色，装饰较少，窗框外有白色线条装饰。

（4）黑水县片区

黑水片区建筑为平顶藏族邛笼式碉房，主要村落有色尔古村、大别窝村、西苏瓜子村、知木林村。该区域建筑主要特征：①建筑形式与相邻的羌族文化区建筑较为相似，平面基本呈一字形，无院落，建筑整体向上收分，顶部有退台；②建筑全部为石头砌筑，也是主要承重结构；③建筑多开小窗，具有良好的防御性，窗框多装饰为白色；④建筑外墙为石材本色，呈黑灰色与周围山体环境一致，无其他装饰（图7.25）。

图7.25　黑水县片区西苏瓜子村典型民居建筑形态

3. 安多藏族文化区特征

安多藏族文化区传统村落建筑形态主要为藏族邛笼式碉房、藏族木架坡顶板屋及少量其他建筑形态。其中，藏族木架坡顶板屋数量最多，共6个村落，占地区总数的54.5%；藏族邛笼式碉房的村落有3个，其他建筑形态的村落有2个（表7.22）。

安多藏族文化区传统村落建筑形态特征　　　　　　表7.22

建筑形态	村落	数量（个）
藏族邛笼式碉房	壤塘村、茸木达村、修卡村	3
藏族木架坡顶板屋	中查村、大寨村、苗州村、下草地村、大录村、东北村	6
其他建筑形态	大城村、大屯村	2

（1）藏族邛笼式碉房

壤塘片区的建筑和马尔康北部片区建筑相似，建筑由下向上收分明显，建筑顶层有挑台，缺少装饰，但该区域建筑体量较大，立面为泥土抹灰，主要有壤塘村、茸木达村等。

该区域的建筑形态主要特征：①该区域民居建筑外墙为石头砌筑，立面为黄土粉刷；②建筑平面方正多为矩形，建筑层数2～3层，建筑向上收分，顶层有挑台，建筑均有较大的院落，有夯土围墙；③建筑外形简朴，装饰较少；④建筑多朝东和东南，并设置入户门；⑤建筑底层用于杂物存放和养少量牲畜，用于不开窗，二层为灶房和卧室，顶层局部退台，设经堂和晒台，各层之间以独木梯相连（图7.26）。

木质挑檐
屋顶退台
木质外挑阳台
黄土外墙面
夯土围墙

图7.26　安多藏族文化区壤塘村典型民居建筑形态

（2）藏族木架坡顶板屋

藏族木架坡顶板屋民居主要分布于阿坝州东北部，九寨沟县、松潘县等地，海拔相对较低、气候温和湿润、森林植被茂盛，也是和汉族紧邻的地区，藏、汉等多民族杂居，受汉族文化影响较大，建筑形制和布局与汉族相似。建筑形态整体特征均相似，屋顶样式上有细微差别，九寨沟南部地区为两坡瓦屋面，九寨沟北部地区部分村落木制踏片屋面。

该区域建筑主要特征：①木架坡顶板屋结构多为汉藏混合形式，即下层为藏式梁柱搭接方法，上层为汉族木构架穿斗结构，两坡屋面；②建筑平面有一字形

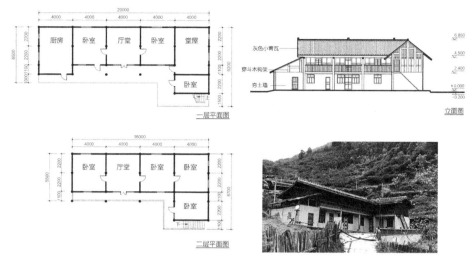

图7.27　安多藏族文化区苗州村典型民居建筑形态

或L形，带有开敞式院坝；③建筑一般为1～2层，一层为生活起居，二层多为经堂和储藏室，一般不会完全封闭（图7.27）。

4. 康巴藏族文化区特征

康巴藏族文化区传统村落建筑形态主要有藏族崩空式藏房、藏族梁柱框架体系藏房两种。两种建筑形态的村落数量相当，其中藏族崩空式藏房的村落有10个，占地区总数的40%，藏族梁柱框架体系藏房的有15个，占地区总数的60%（表7.23）。

康巴藏族文化区传统村落建筑形态特征　　　　表7.23

建筑形态	村落	数量（个）
藏族崩空式藏房	边坝村、麻通村、帮帮村、龚巴村、下比沙村、修贡村、古西村、七湾村、朱倭村、然柳村	10
藏族梁柱体系藏房	亚丁村、仲堆村、八子斯热村、阿称村、子实村、子庚村、阿洛贡村、车马村、德西二村、德西三村、德西一村、查卡村、仲德村、色尔宫村、马色村	15

（1）藏族崩空式藏房

1）炉霍片区

炉霍片区的崩空式藏房主要分布在朱倭村、七湾村、然柳村、修贡村、古西村等。该区域建筑主要特征：①建筑结构多为"井干式"崩空或"框架式"崩空，其中"框架式"崩空结构的木柱较大，多用直径20cm 的原木紧密排列形成木墙；②建筑屋顶形式为坡屋顶，多为歇山四坡顶，有部分平屋顶；③建筑多为二层，二层与屋顶间有架空层；④建筑色彩丰富，整体为藏红色，檐口和层间有装饰，为紧密排列的小椽，涂白色（图7.28）。

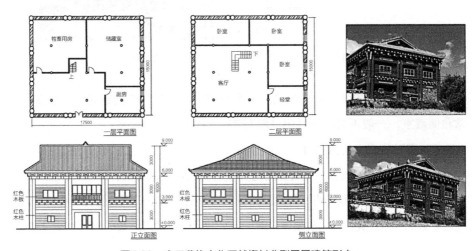

图7.28 康巴藏族文化区然柳村典型民居建筑形态

2）白玉片区

白玉片区的崩空式建筑是用实圆木或半圆木四角通过榫头连接建成的房子。其主要代表村落为麻通村、帮帮村、边坝村、下比沙村、龚巴村。该区建筑主要特征：①民居建筑材料为土石、木料，底层四周是夯实的泥墙，能牢固地支撑起架设在上面的崩空木构，使其稳固地落在地基上；②建筑均为"井干式"崩空结构；③建筑屋顶多为平屋顶；④建筑装饰上用色鲜艳，搭配大胆，集中在屋檐和窗框，以藏红色、蓝色、绿色、黄色、白色为主，具有浓郁的民族风情。

（2）藏族梁柱框架体系藏房

1）理塘片区

理塘片区为内框架式石碉房，代表村落主要有德西一、二、三村和车马村，该区域建筑主要特征：①建筑为内框架木结构，夯土外墙，在木梁上密实排布细圆木形成木质楼板；②建筑为藏式平顶房；③建筑装饰较少，仅窗框和顶部有突出木线条。如典型村落车马村建筑外墙为传统黄土夯实墙体，内部则为木框架结构，屋顶为平屋顶。为提高室内保温效果，窗户较小。建筑顶部檐口或窗户檐口有少量木条挑出，用于装饰，颜色为原木色或者黑色，整体装饰较少（图7.29）。

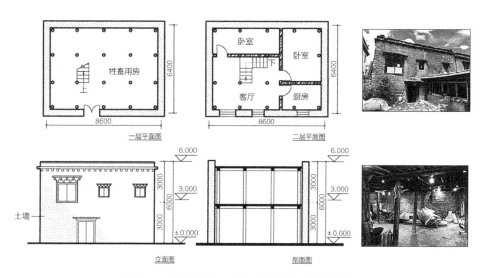

图7.29　康巴藏族文化区车马村典型民居建筑形态

2）稻城片区

稻城片区主要为内框架式石碉房，村落为亚丁村和仲堆村，该区域建筑主要特征：①民居建筑均为梁柱框架体系，内部为木框架，外墙为不加整修的石块和泥浆砌成；②房屋符合农区藏族生活习惯并兼具防御功能，向上收分形似碉房，建筑形体部分突出，该部分为经堂；③建筑装饰极少，窗框为黑色，顶部和窗檐有少量黑色木线条。

3）乡城片区

乡城片区主要为内框架式土碉房，主要代表村落为色尔宫村、马色村和仲德村。该地区建筑主要特征：①该区域建筑均为土碉房，建筑层数3层；②建筑外墙为白色，多有彩色装饰，檐口装饰及色彩丰富，象征着美好寓意；③建筑形体与稻城地区相似，但体量略小，向上收分形似碉房，建筑部分形体外凸，功能是经堂；④该地区每户通常有院落，且院落有夯土围墙（图7.30）。

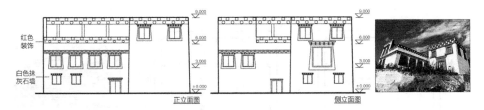

图7.30　康巴藏族文化区马色村典型民居建筑形态

4）得荣片区

得荣片区主要为内框架式土碉房，主要代表村落为八子斯热村、阿称村、子庚村、子实村、阿洛贡村等。该区域建筑主要特征：①建筑均为梁柱框架体系，内部为木框架，外墙为夯土墙；②建筑外墙为白色，无装饰，开窗较小；③建筑一般为3层，每层间都架大梁，垫细圆木或木条，钉地板；④建筑顶部中间内凹，形成露台空间，布置煨桑台。

5. 传统村落建筑形态分区比较

（1）羌族文化区因防御需求，建筑形态主要为羌族邛笼式碉房。

羌族文化区处于汉藏交界地带，建筑形态有很强的防御性，多为碉楼和碉房，石头砌筑，形体厚重坚实，开窗小，犹如一座座小型堡垒。少量村落是木框架，外部夯土墙，称黄泥羌碉。地区建筑形态以灰色、黄色为主，建筑几乎无装饰，体现对白石神崇拜，会摆放少量白石（表7.24）。

（2）嘉绒藏族文化区因防御需求，建筑形态全部为藏族邛笼式碉房。

嘉绒藏族文化区处于汉藏羌交界地带，防御需求较高，建筑全为石头砌筑的碉房，墙体敦实，上窄下宽，厚实粗重。地区之间屋顶形式、屋顶材料略有不同，建筑墙面、窗户、檐口等有一定装饰，色彩丰富。

（3）安多藏族文化区西部为藏族邛笼式碉房，东部为藏族木架坡顶板屋。

安多藏族文化区西部壤塘县由于和嘉绒藏族文化区北部接壤，建筑形态为藏族邛笼式碉房，但该地区建筑几乎无装饰。东部九寨沟县内雨水充沛，树木繁茂，与汉族聚居区接壤，受汉族建筑影响，建筑多采用木材料，形态为木架坡顶板屋。

（4）康巴藏族文化区北部为藏族崩空式藏房，南部为藏族梁柱体系藏房。

康巴藏族文化区北部白玉县和炉霍县发生过多次大地震，区域木材丰富，形成了以木材为主的全木和半木的藏族崩空式藏房。康巴藏族文化区南部形成以木头框架为主的藏族梁柱体系藏房，但各地外墙和形体有较大变化，乡城县夯土白藏房，稻城县灰色石头外墙，得荣县矩形平面的夯土白色外墙。

川西地区传统村落建筑形态分区特征　　　　表7.24

文化区	主要类型	特征	影响因素
羌族文化区	羌族邛笼式碉房	1. 建筑形态类型共有3种； 2. 羌族邛笼式碉房型占地区总数64%，羌族木框架式碉房型占地区总数27.3%	1. 处于冲突区域，建筑多为防御性，石头砌筑邛笼碉房、碉楼； 2. 有部分村落受汉族影响，汉族建筑风貌
嘉绒藏族文化区	藏族邛笼式碉房	1. 全部为藏族邛笼式碉房； 2. 地区间有细节差异	1. 多处于冲突区域，建筑多为防御性石头砌筑邛笼碉房； 2. 藏族风貌，窗及细部有装饰

文化区	主要类型	特征	影响因素
安多藏族文化区	藏族邛笼式碉房 藏族木架坡顶板屋	1. 建筑形态类型共有3种; 2. 藏族木架坡顶板屋占地区总数54.5%,藏族邛笼式碉房占地区总数27.3%	1. 东部地区与汉族聚居区接壤,雨水丰沛,建筑为木架坡屋顶板屋,与汉族风貌相似; 2. 西部与嘉绒藏族文化区接壤,建筑风貌相似,藏族邛笼式碉房
康巴藏族文化区	藏族崩空式藏房 藏族梁柱体系藏房	1. 建筑形态类型共有2种; 2. 藏族梁柱体系藏房占地区总数60%,藏族崩空式藏房占地区总数40%	1. 南部就地取材,藏族梁柱体系藏房,乡城的白藏房; 2. 北部区域发生过大地震,为全木或半木的崩空式藏房

7.3.3 传统村落建筑形态类型比较

1. 藏族邛笼式碉房

藏族邛笼式碉房集中分在嘉绒藏族文化区和安多藏族文化区,嘉绒藏族文化区共20个,安多藏族文化区主要分布在壤塘县,紧邻嘉绒藏族文化区北部,共3个。该区域除丹巴县外年平均气温均在10℃以下,加上区域防御要求较高,因此建筑均为石头砌筑的邛笼式碉房,墙体厚实坚固利于保温和防御,由于地区差异,建筑形态细节也略有不同。丹巴县民居建筑,体量较大,平屋顶,建筑有挑台,外墙有白色颜料粉饰,建筑色彩丰富;马尔康市南部片区民居建筑,坡屋顶,建筑无挑台,外墙为石墙,颜色为自然色,没有其他颜色进行粉饰,窗框颜色为白色,同时建筑装饰的色彩丰富;马尔康市北部片区民居建筑,平屋顶,建筑有挑台,外墙为石墙,颜色为自然色,没有其他颜色进行粉饰,窗框颜色为白色,建筑装饰的色彩较少;黑水县民居建筑,平屋顶,建筑无挑台,外墙为石墙,颜色为灰色自然色,没有其他颜色进行粉饰,窗框颜色为白色,且窗框较小,建筑无装饰,与相邻羌族文化区建筑形态相似;壤塘县民居建筑,平屋顶,建筑有挑台,并且外墙为夯实黄土,颜色为黄色自然色,建筑无装饰,与马尔康北部民居建筑形态相似(表7.25)。

川西地区传统村落藏族邛笼式碉房特征比较　　　　表7.25

地区	丹巴县	马尔康市南部	马尔康市北部	黑水县	壤塘县
文化区	嘉绒藏族文化区				安多藏族文化区
村落数量（个）	6	4	3	4	3
特征	1. 平屋顶，建筑有挑台； 2. 白色外墙 3. 色彩丰富，白色、藏红色、黑色	1. 坡屋顶，建筑无挑台； 2. 外墙石材自然色； 3. 窗框为白色； 4. 装饰色彩丰富	1. 平屋顶，建筑有挑台； 2. 外墙石材自然色； 3. 窗框为白色； 4. 装饰色彩少	1. 平屋顶，建筑无挑台； 2. 外墙石材自然色； 3. 窗框为白色，窗户较小； 4. 无装饰	1. 平屋顶，建筑有挑台； 2. 黄土外墙面； 3. 无装饰

2. 藏族崩空式藏房

藏族崩空式藏房村落集中分布在康巴藏族文化区北部区域，共有10个，主要分布在白玉县和炉霍县内。虽然该地区年平均气温低于9℃，但建筑仍以木结构或夯土为主，由于该区域发生过多次大地震，木结构房屋能提高抗震性能，夯土能减轻地震破坏性。白玉县民居建筑，平屋顶，建筑一层为夯土墙，二层箱形木墙，全为井干式结构，木材较小。炉霍县民居建筑，全木材料，屋顶多为坡屋顶，有井干式和灯笼柱框架两种建筑结构，柱子所用的木材较大（表7.26）。

川西地区传统村落藏族崩空式藏房特征比较　　　　表7.26

分布地区	白玉县	炉霍县
文化区	康巴藏族文化区	
村落数量（个）	5	5
特征	1. 二层部分箱形木墙、一层夯土墙； 2. 平屋顶； 3. 全部为井干式结构； 4. 木材较小	1. 全木材料； 2. 坡屋顶为主，部分平屋顶； 3. 有井干式结构和灯笼柱框架结构； 4. 木柱较大

3．藏族梁柱体系藏房

藏族梁柱体系藏房村落只分布在康巴藏族文化区南部区域内，共有15个，主要分布在理塘县、稻城县、乡城县和得荣县内。理塘县内民居建筑，平屋顶，墙体为夯土墙，建筑无装饰，黄土外墙；稻城县民居建筑，体量较大，平屋顶，石头砌筑外墙，外墙为灰白色，建筑一侧有形式碉房的部分外凸，建筑有少量装饰，表现为黑色的窗框和黑色线条；乡城县民居建筑，木框架结构，平屋顶，夯土外墙，白色颜料粉刷，称白藏房，建筑一侧有形似碉房的部分外凸，是佛堂空间，建筑彩色装饰丰富；得荣县民居建筑，木框架结构，平屋顶，夯土外墙，白色颜料粉刷，建筑顶层中部内凹形成露台，建筑无装饰（表7.27）。

川西地区传统村落藏族梁柱体系藏房特征比较　　　　　　　　　表7.27

分布地区	理塘县	稻城县	乡城县	得荣县
文化区	康巴藏族文化区			
村落数量（个）	5	2	3	5
特征	1．内木框架结构； 2．土夯外墙； 3．无装饰； 4．黄土外墙	1．内木框架结构，石头外墙； 2．体量大，形似碉房部分形体外凸； 3．黑色窗框及少量黑色线条	1．内木框架结构； 2．白色土夯外墙，白藏房； 3．形似碉房部分形体外凸； 4．有彩色装饰	1．内木框架结构； 2．白色土夯外墙； 3．顶层中部内凹形成露台

4．藏族木架坡顶板屋

藏族木架坡顶板屋村落只在安多藏族文化区内有分布，共有6个，且分布在九寨沟县内，分为南北两个片区。由于九寨沟县和汉族接壤，受汉族文化影响较大，九寨沟县内的藏族木架坡顶板屋下层为藏式梁柱搭接方法、上层为汉族木构架穿斗结构，九寨沟县南部片区的屋顶为两坡瓦屋面，而九寨沟县北部片区为两坡木板屋面，称"踏板房"。

7.3.4 传统村落建筑形态谱系总结

1. 建筑形态谱系表

川西地区传统村落建筑形态可分为藏族邛笼式碉房、藏族崩空式藏房、藏族梁柱体系藏房、藏族木架坡顶板屋、羌族邛笼式碉房、羌族木框架式碉房和其他建筑形态7种形式。藏族邛笼式碉房型的村落最多，共23个，占总数的34.3%，主要分布在嘉绒和安多藏族文化区；羌族木框架式碉房型的村落最少，共2个，占总数的3%，全部分布在羌族文化区（表7.28）。

川西地区传统村落建筑形态谱系表　　　　表7.28

形态类型	村落	数量（个）	占比	主要分布
藏族邛笼式碉房	加斯满村、修卡村、茸木达村、壤塘村、色尔古村、大别窝村、西苏瓜子村、知木林村、甘堡村、沙吉村、丛恩村、西索村、直波村、色尔米村、尕兰村、春口村、代基村、莫洛村、齐鲁村、妖枯村、宋达村、克格依村、波色龙村	23	34.3%	嘉绒藏族文化区、安多藏族文化区
藏族崩空式藏房	边坝村、麻通村、帮帮村、龚巴村、下比沙村、修贡村、古西村、七湾村、朱倭村、然柳村	10	14.9%	康巴藏族文化区
藏族梁柱体系藏房	亚丁村、仲堆村、八子斯热村、阿称村、子实村、子庚村、阿洛贡村、车马村、德西二村、德西三村、德西一村、查卡村、仲德村、色尔宫村、马色村	15	23.4%	康巴藏族文化区
藏族木架坡顶板屋	中查村、大寨村、苗州村、下草地村、大录村、东北村	6	9.0%	安多藏族文化区
羌族邛笼式碉房	桃坪村、休溪村、小河坝村、四瓦村、阿尔村、联合村、牛尾村	7	10.4%	羌族文化区
羌族木框架式碉房	增头村、萝卜寨村	2	3%	羌族文化区
其他建筑形态	大城村、较场村、大屯村、老人村	4	5.9%	羌族文化区、安多藏族文化区

2. 建筑形态谱系图

(1) 建筑形态谱系图

将川西地区传统村落建筑形态类型与该村落的空间信息叠合，利用GIS进行类型重分类，形成川西地区传统村落建筑形态谱系图。

(2) 建筑形态详细谱系图

建筑形态由于所处地域的不同，又存在更细微的差距，在总体建筑形态分类的基础上，结合细部特征进行详细分类，形成建筑形态详细谱系表（表7.29），并与各村落空间属性叠置，形成建筑形态详细谱系图（图7.31）。

川西地区传统村落建筑形态详细谱系表 表7.29

类型	亚类		建筑形态特征	主要村落
A 藏族邛笼式碉房	A1	丹巴地区	1. 平屋顶，建筑有挑台； 2. 白色外墙； 3. 色彩丰富	莫洛村、宋达村、波色龙村、中路村
	A2	马尔康南部片区	1. 坡屋顶，建筑无挑台； 2. 外墙石材自然色； 3. 窗框为白色； 4. 装饰色彩丰富	西索村、色尔米村
	A3	马尔康北部片区	1. 平屋顶，建筑有挑台； 2. 外墙石材自然色； 3. 窗框为白色； 4. 装饰色彩少	加斯满村从恩村
	A4	壤塘片区	1. 平屋顶，建筑有挑台； 2. 黄土外墙面； 3. 无装饰	壤塘村、茸木达村
	A5	黑水片区	1. 平屋顶，建筑无挑台； 2. 外墙石材自然色； 3. 窗框为白色、窗户小； 4. 无装饰	色尔古村、西苏瓜子村、大别窝村

续表

类型	亚类		建筑形态特征	主要村落
B 藏族崩科式藏房	B1	炉霍片区	1. 全木材料； 2. 坡屋顶为主； 3. 井干式和灯笼柱框架结构； 4. 木柱较大	朱倭村、古西村、然柳村、七湾村
	B2	白玉片区	1. 二层部分箱形木墙、一层夯土墙； 2. 平屋顶； 3. 全部为井干式结构； 4. 木材较小	帮帮村、麻通村、下比沙村、龚巴村
C 藏族梁柱框架体系藏房	C1	理塘片区	1. 内木框架结构； 2. 土夯外墙； 3. 无装饰； 4. 黄土外墙	德西一村、二村、三村、车马村
	C2	稻城片区	1. 内木框架结构； 2. 石头外墙； 3. 形似碉房部分形体外凸； 4. 黑色窗框及黑色线条	亚丁村、仲堆村
	C3	乡城片区	1. 内木框架结构； 2. 白色土夯外墙，形体外凸，白藏房； 3. 有彩色装饰	色尔宫村、马色村、仲德村
	C4	得荣片区	1. 内木框架结构； 2. 白色土夯外墙； 3. 顶层中部内凹形成露台	阿称村、子庚村、子实村
D 藏族木架坡顶板屋	D1	九寨沟南部片区	1. 与汉族文化融合； 2. 下层为藏式梁柱搭接，上层为汉族木构架穿斗结构； 3. 两坡瓦屋面	大寨村、苗州村
	D2	九寨沟北部片区	1. 与汉族文化融合； 2. 下层为藏式梁柱搭接，上层为汉族木构架穿斗结构； 3. 木板屋面	中查村、东北村

续表

类型	亚类		建筑形态特征	主要村落
E 羌族邛笼碉房	E	杂谷脑片区	1. 墙承重体系； 2. 外墙石材自然色（灰色）； 3. 装饰少	桃坪村、联合村
F 羌族木框架式碉房	F	汶川县城周边地区	1. 木框架承重体系； 2. 外墙夯土； 3. 无装饰	萝卜寨村、增头村

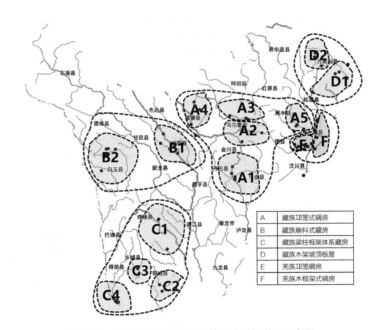

图7.31　川西地区传统村落建筑形态详细谱系示意图

3．建筑形态谱系总体特征

（1）邛笼式碉房集中分布在川西地区中部。

邛笼式碉房在川西地区可以分为藏族邛笼式碉房和羌族邛笼式碉房。该类型的建筑以石墙承重，室内无柱或少柱，墙体向上适当收分，墙体纵横交错连接，整体抗震性较好。邛笼式碉房主要分布在川西地区中部区域，覆盖了羌族文化区、嘉绒藏族文化区和部分安多藏族文化区。该区域建筑防御要求高，石砌邛笼式建筑坚固。

（2）藏族木架坡顶板屋集中分布在川西地区东北部的九寨沟县。

藏族木架坡顶板屋建筑底部为藏式梁柱搭接，上部为穿斗木构架形式，屋顶为双坡屋顶小青瓦，建筑外墙有底部夯土上部木构和全木构两种形式。藏族木架坡顶板屋分布在川西地区东北部区域，主要在安多藏族文化区内，与汉族聚居区接壤，受民族融合的影响，建筑形态接近汉族风貌。

（3）藏族崩空式藏房集中分布在川西地区西部的白玉、炉霍县。

藏族崩空式藏房建筑利用圆木或者半圆木重叠组成箱形木墙，形成箱形木屋，有全木、半木两种形式。藏族崩空式藏房主要分布在川西地区西部康巴藏族文化区的白玉、炉霍等地区，由于该区域发生过几次大的地震，崩空建筑有利抗震减震。

（4）藏族梁柱体系藏房主要分布在川西地区西南部。

藏族梁柱体系藏房建筑利用木柱和木梁形成木梁框架，作为承重的核心结构，外部墙体形成围护结构或部分承重，外墙多为夯土，少量为小型石块砌筑。藏族梁柱体系藏房主要分布在川西地区西南部区域，得荣县、稻城县、乡城县等地，全部在康巴藏族文化区内。

参考文献

[1] 费孝通. 乡土中国[M]. 上海：上海世纪出版集团，2005：16.

[2] 黄源成. 多元文化交汇下漳州传统村落形态演变研究[D]. 广州：华南理工大学，2018：37.

[3] 辞海编辑委员会. 辞海[M]. 上海：上海辞书出版社，1979.

[4] 何峰. 湘南汉族传统村落空间形态演变机制与适应性研究[D]. 长沙：湖南大学，2012：37.

[5] 韦浥春. 广西少数民族传统村落公共空间形态研究[D]. 广州：华南理工大学，2017：7.

[6] 赵万民，汪洋. 山地人居环境信息图谱的理论建构与学术意义[J]. 城市规划，2014（4）：9-16.

[7] 陈述彭. 地学信息图谱探索研究[M]. 北京：商务印书馆，2001.

[8] 四川省城乡规划研究院. 四川省城镇体系规划（2014—2030）[R]. 2016.

[9] 周学红. 四川省区域空间发展战略演变特征研究[J]. 决策咨询，2019（1）：38-41.

[10] 费孝通. 江村经济[M]. 南京：江苏人民出版社，1986：37-79.

[11] 李伯华，刘敏，刘沛林. 中国传统村落研究的热点动向与文献计量学分析[J]. 云南地理环境研究，2019，31（1）：2-9.

[12] 李伟，俞孔坚. 世界文化遗产保护的新动向：文化线路[J]. 城市问题，2005（4）：7-12.

[13] 单霁翔. 关注新型文化遗产：文化线路遗产的保护[J]. 中国名城，2009（5）：4-12.

[14] 王丽萍. 文化线路：理论演进 内容体系与研究意义[J]. 人文地理，2011，26（5）：43-48.

[15] 王景慧. 文化线路的保护规划方法[J]. 中国名城，2009（7）：10-13.

[16] 赵晓宁，郭颖. 文化线路视野下的蜀道（四川段）研究现状及思路探讨[J]. 西南交通大学学报（社会科学版），2015，16（3）：32-39.

[17] 林祖锐，张杰平，张潇，等．井陉古道沿线商贸型传统村落空间形态演变研究：以山西省平定县西郊村为例[J]．现代城市研究，2019（9）：10-16．

[18] 夏兰兰，欧阳文．京郊商道型传统村落空间形态特征浅析：以房山区南窖村为例[J]．自然与文化遗产研究，2019（8）：61-65．

[19] 徐坚，唐富茜，杨敏艳．云南同乐村村落环境及格局特征分析[J]．西部人居环境学刊，2015，30（6）：87-91．

[20] 甘振坤，龙林格格．湘西花垣县油麻古苗寨风貌特征解析[J]．西部人居环境学刊，2017，32（5）：21-26．

[21] 卢道典，蔡喆．城市重大项目建设中传统村落景观特色的保护与传承：以广州小谷围岛练溪村为例[J]．现代城市研究，2014（4）：24-29．

[22] 顾大治，王彬，黄雨萌，等．基于非物质文化遗产活化的传统村落保护与更新研究：以安徽绩溪县湖村为例[J]．西部人居环境学刊，2018（2）：100-105．

[23] 陶伟，陈红叶，林杰勇．句法视角下广州传统村落空间形态及认知研究[J]．地理学报，2013（2）：209-218．

[24] 苑思楠，张寒，何蓓洁，等．基于VR实验的传统村落空间视认知行为研究：以闽北下梅和城村为例[J]．新建筑，2019（6）：36-40．

[25] 高威迪．嘉绒藏族莫洛村调查及其保护规划研究[D]．西安：西安建筑科技大学，2016．

[26] 伏小兰．川西藏区传统村落保护与发展研究[D]．长沙：湖南师范大学，2017．

[27] 曾艳．广东传统聚落及其民居类型文化地理研究[D]．广州：华南理工大学，2016：3．

[28] 温泉，董莉莉．西南彝族传统聚落与建筑研究[M]．北京：科学出版社，2016，38-39．

[29] 周琦．滇西地区干栏建筑的谱系研究[D]．北京：北京建筑大学，2018：11-12．

[30] 陈述彭，岳天祥，励惠国．地学信息图谱研究及其应用[J]．地理研究，2000（4）：337-343．

[31] 朱雪梅．粤北传统村落形态及建筑特色研究[D]．广州：华南理工大学，2013：114．

[32] 李昕泽, 任军. 传统堡寨聚落形成演变的社会文化渊源: 以晋陕　闽赣地区为例[J]. 哈尔滨工业大学学报 (社会科学版), 2008 (6): 27-33.

[33] 常青. 序言: 探索我国风土建筑的地域谱系及保护与再生之路[J]. 南方建筑, 2014 (5): 4-6.

[34] 张以红. 潭江流域城乡聚落发展及其形态研究[D]. 广州: 华南理工大学, 2011: 3.

[35] 李建华. 西南聚落形态的文化学诠释[D]. 重庆: 重庆大学, 2010: 29.

[36] 孟慧英. 文化圈学说与文化中心论王路生[J]. 西北民族研究, 2005 (1): 179-186.

[37] 廖克. 地学信息图谱的探讨与展望[J]. 地球信息科学, 2002 (3): 14-20.

[38] 汪洋. 山地人居环境空间信息图谱: 理论与实证[D]. 重庆: 重庆大学, 2012: 28.

[39] 周琦. 滇西地区干栏建筑的谱系研究[D]. 北京: 北京建筑大学, 2018: 18-19.

[40] 常青. 风土观与建筑本土化风土建筑谱系研究纲要[J]. 时代建筑, 2013 (3): 10-15.

[41] 潘莹, 施瑛. 比较视野下的湘赣民系居住模式分析: 兼论江西传统民居的区系划分[J]. 华中建筑, 2014 (7): 143-148.

[42] 李世芬, 杜凯鑫, 赵嘉依. 基于风土观念的胶辽民系及其特征探析[J]. 华中建筑, 2019 (6): 21-25.

[43] 罗德胤. 中国传统村落谱系建立刍议[J]. 世界建筑, 2014 (6): 104-107+118.

[44] 阿坝藏族羌族自治州地方志编撰委员会. 阿坝州志 (中册)[M]. 北京: 民族出版社, 1994.

[45] 《四川藏区民居图谱》编委会. 四川藏区民居图谱: 甘孜州康东卷[M]. 北京: 旅游教育出版社, 2016: 3.

[46] 石硕. 藏族三大传统地理区域形成过程探讨[J]. 中国藏学, 2014 (3): 51-59.

[47] 石硕. 试论康区的人文特点[J]. 青海民族研究, 2015, 26 (3): 1-6.

[48] 郑志明, 王智勇, 蒋蓉, 等. 羌族传统村落空间形态特征解析: 以萝卜寨为例[J]. 城市建筑, 2019 (15): 29-33.

[49] 郑志明, 左拉, 熊颖. 藏族传统村落空间形态解析: 以色尔古藏族为例[C]//乡村振

兴：2018年度中国城市规划学会乡村规划与建设学术委员会学术年会论文集．北
京：中国建筑工业出版社，2018：57．

[50] 郑志明，焦胜，谭媛媛，等．九寨沟县中查藏寨空间形态及风貌特征解析[J]．室内
设计与装修，2019（6）：130-131．

[51] 郑志明，焦胜，熊颖．川西寺庙影响型传统村落空间形态特征研究[J]．西部人居环
境学刊，2019，34（6）：54-57．

[52] 浦欣成．传统乡村聚落平面形态的量化方法研究[M]．南京：东南大学出版社，
2013：67．

[53] 张东．中原地区传统村落空间形态研究[D]．广州：华南理工大学，2015：28．

[54] 陈紫蓝．传统聚落形态研究[J]．规划师，1997（4）：53．

[55] 艾定增，金笠铭，王安民．园林景观新论[M]．北京：中国建筑工业出版社，2001：
108-110．

[56] 孙莹．梅州客家传统村落空间形态研究[D]．广州：华南理工大学，2015：27．

[57] 杜佳．贵州喀斯特山区民族传统乡村聚落形态研究[D]．杭州：浙江大学，2017：80．

[58] 魏宏源．京西古村落空间模式语言研究[D]．北京：北京建筑工程学院，2012：37．

[59] 李旭．中国西部区域的深刻内在关联．青藏高原论坛[J]．2013，1（1）：10-18．

[60] 何依，邓巍，李锦生，等．山西古村镇区域类型与集群式保护策略[J]．城市规划[J]．
2016（1）：85-93．

[61] 李臻赜．川西高原藏传佛教寺院建筑研究[D]．重庆：重庆大学，2005：59-88．

[62] 彭陟焱，陈昱彤．川西北嘉绒藏族土司官寨遗址保护现状调查[J]．西藏民族大学学
报（社会科学版），2014（8）：94-95．

[63] 陈颖，田凯，张先进．四川古建筑[M]．北京：中国建筑工业出版社，2015：233-
234．

[64] 刘伟．道孚崩科建筑[M]．北京：科学出版社，2018：44-47．